U0307055

# 编　委　会

# 世界花园彩云南

## Yunnan：Colorful Garden of the World

云南省社会科学院
中国（昆明）南亚东南亚研究院 编著

云南出版集团
云南人民出版社

图书在版编目（CIP）数据

世界花园彩云南 / 云南省社会科学院，中国（昆明）南亚东南亚研究院编著. -- 昆明：云南人民出版社，2021.9

ISBN 978-7-222-20186-6

Ⅰ. ①世… Ⅱ. ①云… ②中… Ⅲ. ①生态环境建设—概况—云南 Ⅳ. ① X321.274

中国版本图书馆 CIP 数据核字（2021）第 188119 号

**世界花园彩云南**
SHIJIE HUAYUAN CAIYUNNAN

云南省社会科学院
中国（昆明）南亚东南亚研究院 编著

出 版 人：赵石定
统筹策划：马维聪
责任编辑：陶汝昌 陈 迟 杨仲淑
助理编辑：欧 燕 董 毅 黄先缔
责任校对：王以富 周 彦
责任印制：李寒东
装帧设计：陈静荷 赵 丹

出 版 云南出版集团 云南人民出版社
发 行 云南人民出版社
社 址 昆明市环城西路 609 号
邮 编 650034
网 址 http://www.ynpph.com.cn
E-mail ynrms@sina.com
开 本 787mm × 1092mm 1/16
印 张 26
字 数 320 千
版 次 2021 年 9 月第 1 版第 1 次印刷
印 刷 云南商奥印务有限公司
书 号 ISBN 978-7-222-20186-6
定 价 360.00 元

如需购买图书、反馈意见，请与我社联系
总编室：0871-64109126 发行部：0871-64108507
审校部：0871-64164626 印制部：0871-64191534

# 目　　录
# CONTENTS

# 七彩云南　世界花园

Preface　Yunnan: Colorful Garden of the World

“彩云之南，我心的方向。”在东亚大陆西南端这片神奇的土地上，云南不仅以独特的高原风光和璀璨多元的民族文化让人向往，更以特有的动植物资源禀赋和生物地理景观持续散发着独特魅力，吸引着世界的目光。云南山河壮丽、自然风光优美，北半球最南端终年积雪的高山、茂密苍茫的原始森林、险峻深邃的峡谷、发育典型的喀斯特岩溶地貌，使云南成为自然风光的博物馆；再加上各种奇花异卉、珍禽异兽、众多的历史古迹、多姿多彩的民俗风情、神秘的民族文化，更为云南增添了无限魅力。“云南只有一个景区，这个景区叫云南。”总之，云南不仅是“动物王国”“植物王国”“物种基因库”，更是“世界花园”，是人们向往的地方，是人类理想的健康生活目的地。

云南拥有独特的地理基础和多样的生态环境。地壳运动使地处海洋深处的谷地突兀而起，形成了峰谷纵横、川流回旋的高原。“一日长一丈，云南在天上。”云南离天很近。云南西北部地处青藏高原南延部分，其他绝大部分属云贵高原，南部为横断山脉，地势向南和西南缓降。所以云南多山地，境内山岭纵横、河流密集、地形险峻，崇山峻岭间湖泊、温泉星罗棋布。“岭峦涌作千顷海，峰簇栽成万仞葱。”6000 多米的海拔落差，以平均每千米 6 米的节律抬升，云岭大地恰似横跨南北的九百里天梯。闻名于世的金沙江、怒江、澜沧江几乎并排穿过险峰峡谷，江河溪流源远流长，成扇形分别向东、东南、南方流去。“一山分四季，十里不同天。”云南兼有寒、温、热三带气候，形成了显著的区域性气候特征和极为多样化的立体气候类型。

云南是生物多样性富集和独特之地。云南古生物资源极为丰富，是地球上一个具有显著特色的地层古生物集中分布区，也是古老特有物种的遗存中心，拥有大批孑遗物种，是许多重要物种类群起源、分化及分布的关键地区之一。抚仙湖畔的帽天山古生物化石群是 21 世纪世界考古重大事件，已被列入世界自然遗产，被誉为“地球古生物圣地”；禄丰恐龙动物群是目前世界上规模最大的、保存最完整的地球古脊椎动物群之一，被誉为地球“爬行动物的博物馆”；元谋人化石表明云南是人类起源的关键和核心地区。云南生物多样性富集，是中国 17 个生物多样性关键地区之一，是全球 36 个生物最丰富且备受威胁的陆地生物多样性热点地区中的“中国西南山地”“东喜马拉雅”及“印度—缅甸”三大区域的核心和交汇地带。云南各大生物类群物种数均接近或超过全国的一半，农作物及其野生近缘种数达千种，是亚洲栽培稻、荞麦、茶、甘蔗等作物的起源中心和分化中心。

云南是“世界园林之母”。在云南，一年到头，万紫千红花不谢，花香四季飘满堂。优越的气候条件使400多种花卉在春城昆明绽开。八大名花、十大花海、漫山遍野的野花、餐桌上的食用花卉，你总会醉入花海，心情舒畅，被深深震撼。全球范围内很多知名的花卉品类都源自云南，如欧洲几乎所有的园艺花卉都来自云南。云南花卉种质资源非常

白马雪山的高山杜鹃（崔永江／摄）

壮丽的画卷（董继荣/摄）

丰富并且具有唯一性。滇东南文山州是中国乃至世界木兰科植物集中分布的区域，属种占世界的一半以上；云南八大名花中的七种都能在滇西北生物多样性保护地区内找到，其中以杜鹃属种的大树杜鹃、凸尖杜鹃、乳黄杜鹃、火红杜鹃等类极为丰富和著名，种类占世界杜鹃属总数的近一半，被称为“杜鹃王国”和“花的世界”。[①] 云南是中国鲜花种类最多的地方之一，昆明斗南国际花卉市场早已成为亚洲鲜切花的“市场风向标”和“价格晴雨表”。

**云南是人与自然和谐共生之地。**在云南，人们敬畏自然，人与自然和谐共生。云南的25个世居少数民族，每个民族都有悠久的历史和灿烂的文化，为全国所独有，在全球也具有很高的知名度。云南少数民族都有独特的生态文化，是当地解释天地起源、自然演变和进化以及生产生活的重要依据。云南少数民族地区的生态系统也是一种文化的生态系统，各民族对天地、山川、江河、湖泊、森林、湿地等都有深深的敬仰和崇拜，拥有适应自然环境、应对自然灾害的地方性知识，建立了一整套各民族自己的生态文化体系。各民族的生态文化体系，记录在各民族的神话、史诗、传说、宗教思想、伦理道德、天文历法、环境知识、生产生活等文化部件中，是人类文明的重要组成部分。人类的自然崇拜，源于人类与自然的互动，例如神山崇拜、江河崇拜、森林崇拜等都能在这里得到体现。敬畏是保护的基础，只有敬畏自然才能保护自然。此外，云南生物多样性富集区域几乎都位于多民族居住地区，在铸牢中华民族共同体意识实践中，各民族像石榴籽一样紧紧抱在一起，民族团结进步，山川更加秀美，呈现出世界花园人与自然和谐共生的动人局面。

---

①杨宇明：《云南：地球生物多样性的窗口》，载《人与自然》，2021年第1期。

**云南是中国西南生态安全屏障。**云南省拥有良好的森林植被和众多的高原湖泊，是多条国内国际大江大河的上游和源头，是我国内陆乃至南亚、东南亚地区重要的水源涵养地和生态屏障，生态地位特殊，肩负着保障我国西南生态安全、维护区域乃至国际生态安全的重大责任。云南已建立起青藏高原南缘滇西北高山峡谷生态屏障、哀牢山－无量山山地生态屏障、南部边境热带森林生态屏障、金沙江澜沧江红河干热河谷地带、东南部喀斯特地带的以“三屏两带”为重点的生态保护红线。云南与南亚东南亚国家山水相连，江河同源，交往历史悠久，是我国连接南亚东南亚的重要大通道，是“一带一路”建设、长江经济带的重要交

高山草甸上盛开的滇西北马先蒿（李　勇 / 摄）

欢迎远方的红嘴鸥精灵（李秋明 / 摄）

汇点。着眼长江、放眼珠江、携手南亚东南亚国家共建地球生态命运共同体，意义重大，前景广阔。

**云南是自然景观和人文景观的宝库。**云南是一个让你不论走过了多少地方、看遍了多少风景，心里依旧惦念的地方。云南的风景、云南的风情，让人万般留恋。云南旅游资源十分丰富，现已建成以高山峡谷、现代冰川、高原湖泊、石林、喀斯特洞穴、火山地热、原始森林、花卉、文物古迹、传统园林及少数民族风情等为特色的世界级旅游景区。其中，丽江古城、红河哈尼梯田被列入《世界文化遗产名录》，三江并流、石林、澄江古生物化石地被列入《世界自然遗产名录》，丽江纳西东巴古籍文献被列入《世界记忆遗产名录》。目前，全省有景区、景点200余个，国家A级以上景区134个，其中被列为国家级风景名胜区的有石林、大理、西双版纳、三江并流、昆明滇池、丽江玉龙雪山、腾冲地热火山、瑞丽江－大盈江、宜良九乡、建水等，被列为省级风景名胜区的有陆良彩色沙林、禄劝轿子雪山等。有昆明、大理、丽江、建水、巍山和会泽等6座国家级历史文化名城，有腾冲、威信、保山、会泽、石屏、广南、漾濞、孟连、香格里拉、剑川、通海等11座省级历史文化名城，有禄丰县黑井镇、剑川县沙溪镇、腾冲市和顺镇、孟连县娜允镇、云龙县诺邓村、石屏县郑营村、巍山县东莲花村、会泽县白雾街村等8座国家历史文化名镇、名村。

党的十八大以来，习近平同志以马克思主义政治家、战略家、理论家的深刻洞察力、敏锐判断力和战略定力，继承和发展马克思主义关于人与自然关系的思想精华和理论品格，深刻把握新时代中国人与自然关系面临的新形势、新矛盾、新特征，通过开展一系列根本性、开创性、长远性工作，推动中国生态文明建设和生态环境保护从理论到实践，再从实践到认识的历史性、转折性、全局性变化，形成了习近平生态文明思想，引领生态环境保护取得历史性成就、发生历史性变革，为全球生态环境保护和人类生态命运共同体建设奠定了坚实基础，为全球生态环境保护贡献了中国智慧和中国方案。

习近平生态文明思想内涵丰富、思想深刻、内容系统完整，主要体现在九个方面：一是生态历史观。生态兴则文明兴，生态衰则文明衰。二是生态文化观。人因自然而生，人与自然是一种共生关系，要像保护眼睛一样保护生态环境，像对待生命一样对待生态环境。三是绿色发展

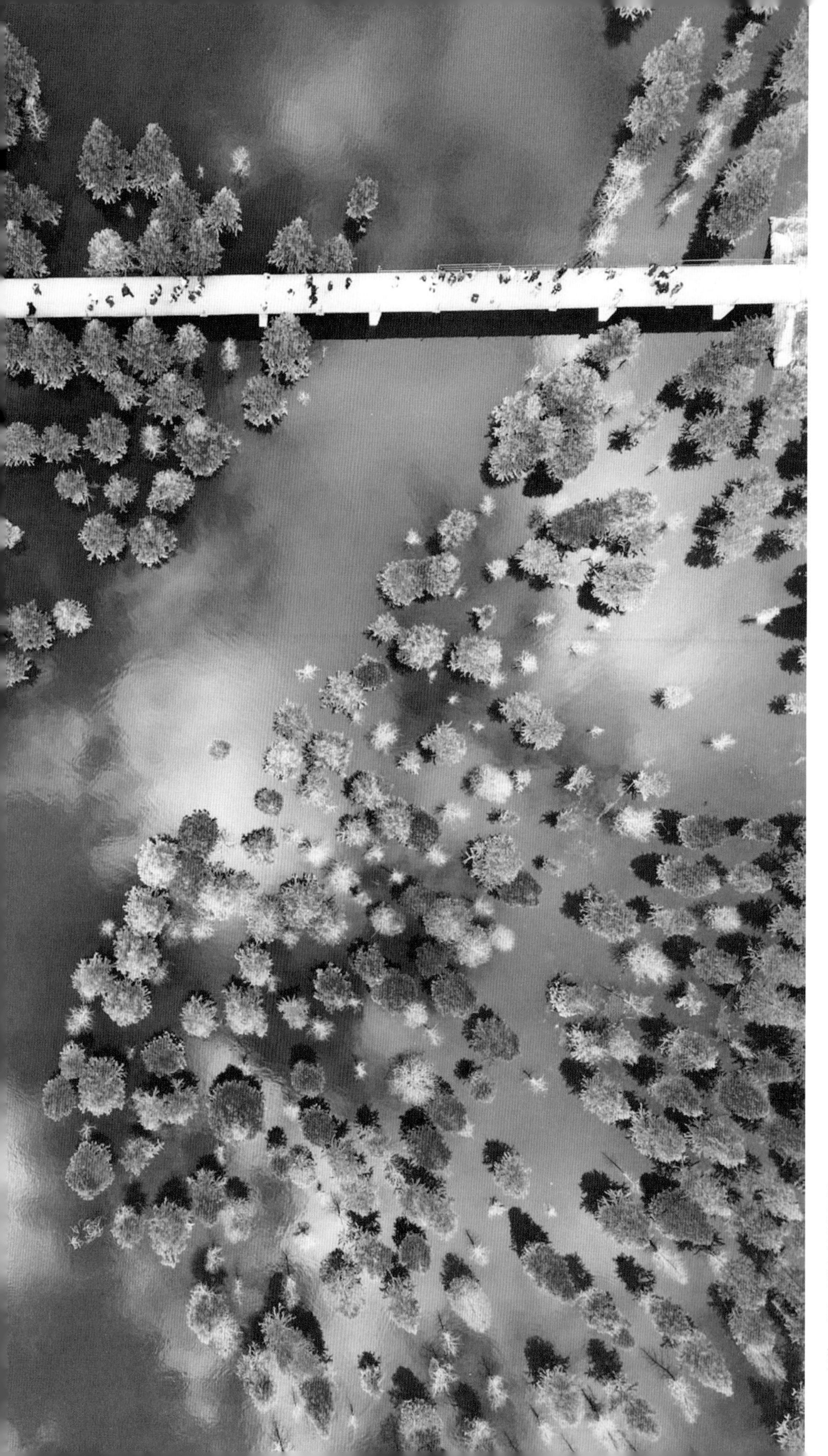

水杉湿地（彭　刚／摄）

观。坚持绿色发展理念，既要绿水青山也要金山银山，绿水青山就是金山银山。四是生态民生观。环境就是民生，良好生态环境是最公平的公共产品，是最普惠的民生福祉。生态环境是关系党的使命宗旨的重大政治问题，也是关系民生的重大社会问题。五是生态系统观。坚持生态是统一的自然系统，是相互依存、紧密联系的有机链条，山、水、林、田、湖、草、沙、冰是生命共同体，要进行整体系统保护和治理。六是科学自然观。自然是财富，保护生态环境就是保护自然价值和增值自然资本，破坏自然就会遭到自然规律的惩罚。七是生态法治观。要用最严格的制度、最严密的法治保护生态环境，让制度成为刚性约束和不可触碰的高压线。八是全民行动观。生态文明建设同每一个人息息相关，每一个人都应该做践行者、推动者。九是全球共赢观。生态文明建设关乎人类未来，建设绿色家园是各国人民的共同梦想，保护生态环境是全球面临的共同挑战和共同责任，国际社会应该携手同行，团结合作，共同建设全球生态文明。

习近平同志十分关心云南的生态文明建设，在考察云南的重要讲话中提出“云南主动服务和融入国家发展战略，闯出一条跨越式发展的路子，努力成为民族团结进步示范区、生态文明建设排头兵、面向南亚东南亚的辐射中心”三大战略定位，指出云南生态地位十分重要，被誉为植物王国、动物王国、世界花园。世界花园是习近平同志对云南生态文明建设的新描绘，为云南生态文明排头兵建设指明了新方向，提出了更高要求。云南作为世界花园蕴含着深远的环境和生态意义，云南作为世界花园具有独特的实践意义。云南省委、省政府坚决贯彻执行习近平同志的重要讲话精神，2020 年 5 月，世界花园被写入《云南省人民政府工作报告》：“守护好我们的蓝天白云、绿水青山、良田沃土，让‘动物王国’‘植物王国’‘世界花园’的美誉更加响亮”。2021年1月，世界花园再次被写入《云南省人民政府工作报告》，云南要全力打造“动物王国、植物王国、世界花园”生态品牌，通过办好联合国《生物多样性公约》第十五次缔约方大会，展示生态文明建设排头兵成效，展示生物多样性保护成果。

云南的自然资源是国家的核心战略资源、人类的共同财富、生态安全的基石、生物经济的源泉。云南肩负着国家的使命、全球人类的责任。在习近平生态文明思想的指导下，云南坚持保护优先，坚持山、水、林、田、湖、草、沙、冰一体化保护和系统治理，加强重要江河流域生态环境保护和修复，统筹资源合理开发利用和保护，守护好这里的生灵草木、万水千山，参与全球生物多样性治理，共建地球生命共同体。

从争当生态文明建设的排头兵到世界花园，这是习近平同志对云南生态文明建设的新描绘和新期望。云南所具有的生物物种、遗传资源、生态系统、地理景观和社会文化价值使世界花园成为云南的代名词。

**云南作为世界花园，气候宜人，自然资源丰富。**云南有多样性的气候，年温差小、日温差大、干湿季节分明，气温随海拔和地势高低变化明显，气候宜人宜居。云南森林覆盖率达到65.04%，地级及其

山水林田（郭　娜/摄）

以上城市空气质量优良天数比例达到98.80%，空气质量连续3年达到国家二级标准。云南生态特色农产品和健康养生资源富集，农业资源、旅游资源、清洁能源资源富集，绿色食品、绿色能源、健康生活目的地等是世界花园的特色和优势。

**云南作为世界花园，民族团结、社会和谐，是全国民族团结的示范区。**世界花园中的人民全面贯彻党的民族理论和民族政策，坚持共同团结奋斗、共同繁荣发展，坚持"各民族都是一家人，一家人都要过上好日子""各民族像石榴籽一样紧紧抱在一起""汉族离不开少数民族，少数民族离不开汉族，少数民族之间也相互离不开"等思想。世界花园中的人民心向党，听党话，跟党走，热爱祖国，热爱社会主义，在铸牢中华民族共同体意识的新时代内涵中，为推进中华民族伟大复兴的中国梦云南篇章而不懈努力。

**云南作为世界花园，是我国面向南亚东南亚的辐射中心和开放前沿。**经过改革开放40多年的不懈探索，今天的云南，不再是边缘地区和开放末梢，是通过公路、铁路、航空、水运建设与毗邻的东南亚南亚国家"越走越近"的开放前沿；是乘着"一带一路"建设、孟中印缅经济走廊建设、长江经济带建设等发展东风，发挥肩挑"两洋"、通江达海的区位优势的大通道；是正从贸易往来逐渐拓展到人文、教育、旅游、医卫、基建等多个领域，与周边国家和地区实现全方位、多层次共赢发展的辐射中心。云南处处充满生机活力。随着开放步伐越迈越大，云南为周边国家提供了更多搭乘中国经济发展快车的机会，同时也提高了自身发展活力和质量，各方实现共赢。

云南是"诗的远方、梦的故乡"和美丽富饶的地方，既有高原的壮丽又有江南的秀美，既有雄壮奇险的高原雪峰又有孕育生命的热带雨林，既有奔流直下的大江大河又有不胜枚举的珍贵动植物。在云南，人们敬畏自然，人与自然和谐共生，像保护眼睛一样保护生态环境，像对待生命一样对待生态环境。联合国《生物多样性公约》第十五次缔约方大会将于 2021 年 10 月 11—15 日和 2022 年上半年分两阶段在昆明举行，这是一次向全世界展示云南乃至中国生物多样性的盛会，是对云南生物多样性保护工作和生态文明建设工作的高度肯定和极大鼓舞。

云南是世界花园，世界花园是云南人民的花园，是全中国人民的花园，也是周边国家人民和世界人民的花园。世界花园里的人民坚信，在以习近平同志为核心的党中央和云南省委、省政府的坚强领导下，以习近平生态文明思想为根本遵循，紧紧围绕“边疆”的区位优势、“民族”的文化优势、“山区”的绿色优势以及“美丽”的生态优势，一定能把云南建设得更加美丽、更加富强。在努力成为全国生态文明建设的排头兵、打造世界花园的工作中，不忘初心，牢记使命，不负韶华，奋发拼搏，久久为功，持续推进云南生态文明建设，让“苍山不墨千秋画，洱海无弦万古琴”的人间美景永驻彩云之南，云岭大地必将处处呈现天更蓝、水更清、山更绿、土地更肥沃的壮美画卷，世界花园必然成为人类的理想居住地和健康生活目的地。

世界花园欢迎您！远方的客人请您留下来！

边疆人民心向党（张　彤 / 摄）

# Preface

## Yunnan: Colorful Garden of the World

Yunnan located in the southwestern end of the East Asian continent, refers to "the south of the colorful clouds" in Chinese, where people's heart is longing to visit. Yunnan is yearning for not only its unique plateau scenery, brilliant and diverse ethnic cultures, but also its characteristic charm and endowment with unique animal and plant resource, as well as bio-geographical landscapes, all these magic aspects about Yunnan have attracted attention from the world. Yunnan, as a world garden, is a place for where people yearn, and an ideal destination you can enjoy healthy life. In Yunnan, there are magnificent mountains and rivers, beautiful natural scenery, as well as high mountains covered with snow all the year round locate at the southern end of the northern hemisphere. There are dense virgin forests, steep and deep canyons, and well-developed typical karst landforms, thus making Yunnan a museum of natural scenery; in particular, there are a variety of exotic and famous flowers, rare birds and animals, numerous historical sites, colorful folk customs, and mysterious ethnic cultures added infinite charm to Yunnan. "There is only one scenic spot in Yunnan, and it is called Yunnan." In brief, Yunnan is not only the "Kingdom of Fauna" , "Kingdom of Flora" , "Species Gene Bank" but also the "World Garden" . This is because:

Yunnan presents unique geographical foundation and diverse ecological environment. Yunnan is located between 97°31′ to 106°11′ east longitude and 21°8′ to 29°15′ north latitude. The province covers an area of more than 394,000 square kilometers. The whole terrain runs in a stepped manner with high northwest and low southeast. The terrain is stereoscopic distributed into 3 levels, forming a giant staircase, which gradually decreases from north to south. From the highest point at Kawagebo Peak, 6740 meters above sea level, to the lowest point at the junction of Yuanjiang River and Nanxi River, 76.4 meters above sea level, the distance from north to south is 960 kilometers, and the elevation difference is around 6663.6 meters, with an average drop of 6 meters per square kilometer. Yunnan is a border province with complex, diverse and unique natural

苍穹下的雪山（彭　刚/摄）

conditions in China, so does its complicated ecological environment.

Yunnan happens to be at the junction of three natural geographic regions (namely, the East Asian monsoon region, the Tibetan Plateau region, and the tropical monsoon region of South Asia and Southeast Asia) in the south and southeast of Asia, with obvious differences. Under the control and influence of the two different monsoons aforementioned and the south branch westerly wind, it has formed notable regional climatic characteristics and extremely diverse three-dimensional climate types. There are different types of climates such as hot and humid, dry-cold, dry-heat, and humid-cold within the territory spanning 8 latitudes and embracing seven climate zones ranging from the typical hot and humid climate in Hainan Province to the typical humid and cold climate in Heilongjiang Province. It is impossible to find similar diversified and extremely complex climate types in any other place in the world. Yunnan hosts a wealth of ecosystem types, including all types of ecosystems on the earth except oceans and deserts. There are 476 ecosystem types, including tropical forests, broad-leaved forests, coniferous forests, bamboo forests, shrubs, meadows, deserts, wetlands and other ecosystems. There are a total of 14 vegetation types and 37 vegetation sub-types, accounting for 60% of the total 796 ecosystem types in China.

Yunnan is a place of rich and unique biodiversity. The ancient extinct life in Yunnan also presents diverse characteristics. Chengjiang animal fossils coenosis are known as “the holy land of geopaleontology”. Maotianshan Mountain has been 300 million years old in the Cambrian period and is a treasure house for studying the origin of life on earth; Lufeng dinosaur fauna has been 150 to 200 million years old, it is the one of the most complete and abundant animal groups of ancient vertebrates on the earth, and is known as the “Museum of Reptiles” on the earth. Yunnan has very abundant species of wild animals and plants. The territory of Yunnan accounts only for 4.1% of China, but the number of species in the major biological groups is close to or more than half of China;

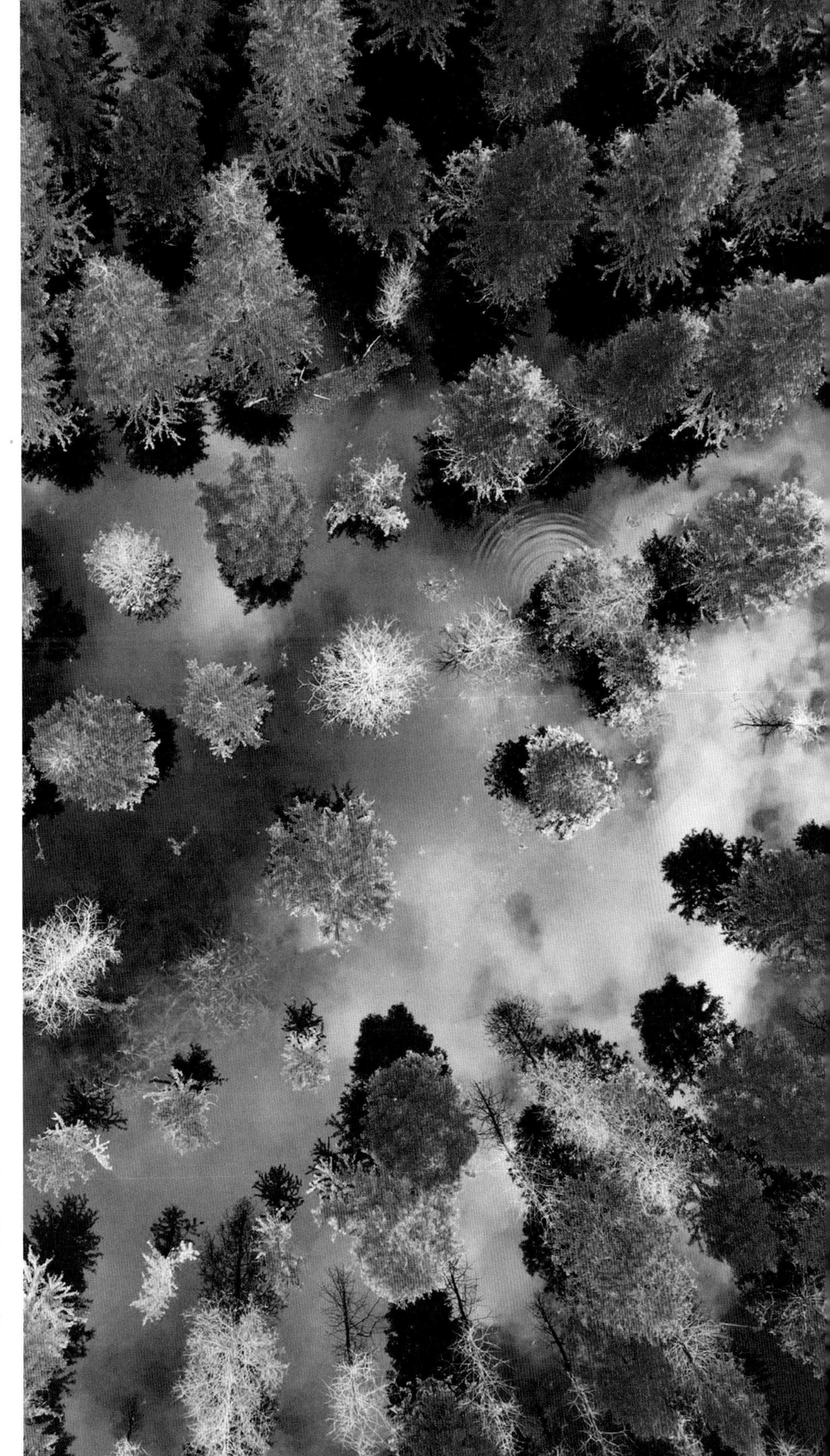

多彩水杉（彭　刚/摄）

the vertebrates in Yunnan account for 51.4% of China, and more than 1/3 of the species are endemic to Yunnan or only seen in Yunnan within China. There are thousands of crops and their wild relatives in Yunnan, which is the origin and differentiation center of cultivated rice, buckwheat, tea, sugarcane and other crops in Asia.

Yunnan also ranks first in the number and species of animals in China. Among them, birds account for 63.7%, beasts account for 51.1%, fish account for 45.7%, reptiles account for 37.6% and amphibians account for 46.4%. There are more than 10,000 species of insects in Yunnan out of the 25,000 species listed at the national level. In China, many rare animals are only distributed in Yunnan, such as the national I protected animals loris, the Yunnan snub-nosed monkey, the Asian elephant, the Javan bison, the gibbons, the Indochinese tiger, the green peafowl, the Sclater's Monal Pheasant, the python and other 46 species. There are 154 species of National II protected animals, such as the Assamese macaque, the macaques, the Trachypithecus phayrei, the pangolins and red pandas.

Yunnan is the "Mother of Gardens in the World". Almost all horticultural flowers in Europe came from Yunnan. Yunnan has very rich and unique flower germplasm resources. For example, Wenshan Prefecture in southeastern Yunnan is an area where Magnoliaceae plants are concentrated in China and even the world. There are 237 species in 15 genera of Magnoliaceae plants in the world, and there are 112 species in 11 genera in China, and here in Wenshan Prefecture, you can find 56 species in 8 genera. The number of genera accounts for 53% of the world and 73% of China. Another example is: there are eight famous flowers in Yunnan, you can find 7 species out of the 8 concentrated here in the biodiversity conservation area in northwestern Yunnan, includes Camellia, Rhododendron, Meconopsis, Pedicularis, Primrose, Lily and Gentian, among which are rich resources of the big tree Rhododendron in the genus Rhododendron, Rhododendron protuberans, Rhododendron vulgaris,

Rhododendron flamingo, etc. It is extremely rich as a famous flower, and the species accounts for nearly half of the total number of rhododendrons in the world, so it is called "the kingdom of rhododendrons" and "the world of flowers".

Yunnan is a place where man and nature coexist in harmony. Here in Yunnan, people respect nature and live in harmony with nature. There are 25 ethnic minorities in Yunnan, each of them has long history and splendid culture. The richness of ethnic minorities is unique to the whole country and

星空下的报春花海（和晓燕 / 摄）

has a high reputation in the world. The ethnic minorities in Yunnan have unique ecological cultures. For thousands of years, the ecological cultures of various ethnic groups have formed a complete system of ecological cultures, which become an important basis for people to explain the origin of heaven and earth, natural evolution, as well as production and life. The ecosystem in the Yunnan ethnic minority areas is also a cultural ecosystem or called as scared landscape at the same time. All ethnic groups have deep admiration and worship for heaven and earth, mountains, rivers and lakes, forests, wetlands, etc., and have established a complete system of ecological cultures. The ecological culture systems of various ethnic groups are well recorded in their cultural components such as myths, epics, legends, religious thoughts, ethics, astronomy, calendars, environmental knowledge, production and life, that is an important part of human civilization. The nature worship of human originates from the interactive relationship between human and nature, for example, the worship of sacred mountains, rivers, and forests are all embodied here. Awe is the basis of protection, and only awe of nature can protect nature. In addition, Yunnan's ecological security barriers and biodiversity-rich areas are almost all located in multi-ethnic areas. In the practice of forging the consciousness of the Community for the Chinese Nation, all ethnic groups hug each other like pomegranate seeds.

Yunnan is an eco-security shield in Southwest China. Yunnan is connected with surrounding countries by mountains and rivers, and shouldering the major responsibility of maintaining regional, national and international ecological security. In Yunnan, there are 3 eco-security shields, namely, the alpine valleys in the south of the Qinghai-Tibet Plateau/North-west Yunnan, the barrier of Ailaoshan Mountain-Wuliangshan Mountain, the tropical forest barrier of the southern border; and 2 belts, namely the dry-hot valley zone of the Jinshajiang River and the Lancang River, and the southeast karst zone. These "three barriers and two belts" are the focus of the red line of ecological protection. Yunnan is located in the southwestern frontier of China, with 4,060 kilometers border line. Yunnan and neighboring countries share rivers with same origin and have a long history of contact. Yunnan is an important channel connecting China with South Asia and Southeast Asia, an important intersection for 2 national development strategies, namely, the "Belt and Road Initiative" and the "Yangtze River Economic Belt", It is vital and wise for Yunnan to target on both the Yangtze River and the Pearl River and work closely with South Asian and Southeast Asian countries to build an ecological community of shared future.

Yunnan is a treasure house of natural and cultural landscapes. So Yunnan has abundant tourism resources, including a number of world-class tourist attractions, featuring mountains and valleys, modern glaciers, plateau lakes, stone forests, karst caves, volcanic geothermal, primitive forests, flowers, cultural relics, traditional gardens and ethnic customs. Among them, the ancient city of Lijiang and the Honghe Hani terraces were included in the World Cultural Heritage List; the Three Parallel Rivers, Stone Forest, and Chengjiang Paleontological Fossil Sites were included in the World Natural Heritage List; and the ancient documents of Lijiang Naxi Dongba were included in the Memory of the World List.

At present, there are more than 200 scenic spots in Yunnan, and 134 out of them are ranked as above the national A level. There are 12 ranked as national scenic spots, namley, Shilin/stone forest, Dali, Xishuangbanna, three parallel rivers, Dianchi (lake) of Kunming, Lijiang Yulong Snow Mountain, and Tengchong Geothermal Volcano, Ruilijiang River-Dayingjiang River, Jiuxiang of Yiliang , Jianshui and others; there are 53 ranked as provincial-level scenic spots, include Luliang colored sand forest, Luquan Jiaozi Snow Mountain and others. There are 6 national historical and cultural cities including Kunming, Dali, Lijiang, Jianshui, Weishan and Huize; there are 11 provincial historical and cultural cities,including Tengchong, Weixin, Baoshan, Huize, Shiping, Guangnan, Yangbi, Menglian, Shangri-La, Jianchuan, Tonghai and others; there are 8 national level towns and villages with rich historical and cultural heritage in Yunnan, include Heijing Town of Lufeng County, Shaxi Town of Jianchuan County, Heshun Town of Tengchong County, Nayun Town of Menglian County, Nuodeng Village of Yunlong County, Zhengying Village of Shiping County, Donglianhua Village in Weishan County and Baiwujie Village in Huize County. There are 14 provincial-level towns with rich historical and cultural heritage, 14 provincial-level villages with rich historical and cultural heritage and 1 provincial-level historical and cultural block.

Since the 18th National Congress of the Communist Party of China, Xi Jinping, president of China has inherited and developed the essence and theoretical character of Marxism on the relationship between man and nature. Xi Jinping has deep understanding of the new situation, new contradictions and new characteristics of the relationship between people and nature in China in the new era, and carried out a series of fundamental, pioneering, and long-term work to promote the historical, thorough and innovative change for the theory and practice of eco-civilization construction and ecological environmental protection in China. Xi Jinping's thoughts on eco-civilization have been formed, which is leading to historic achievement and reform of the ecological environmental protection, laying a solid foundation for global ecological environmental protection and the construction of a community of shared future between human and ecology, and offering Chinese wisdom and Chinese solutions for global ecological environmental protection.

Xi Jinping's eco-civilization thought is rich in connotation, profound in understanding and complete in content system, which is mainly reflected in nine aspects: First, the concept of ecological history. The prosperity of ecology leads to the prosperity of civilization, and the decline of ecology leads to the decline of civilization. The second is the concept of ecological culture. Humans are born of nature. Humans and nature are in a symbiotic relationship. We must protect the ecological environment like protecting our eyes and treat the

夏日的高山草甸（李　勇 / 摄）

ecological environment like life. The third is the concept of green development. Sticking to the concept of green development requires not only lucid waters and lush mountains, but also golden mountains and silver mountains. Lucid water and lush mountains are valuable assets. The fourth is the ecological concept of people's livelihood. The environment is people's livelihood. A good ecological environment is the fairest public product and the most inclusive well-being for people's livelihood. The ecological environment is a major political issue related to the party's mission and purpose, as well as a major social issue related to the people's livelihood.The fifth is the concept of ecosystem. Insisting that ecology is a unified natural system, an organic chain of interdependence and close connection. Mountains, rivers, forests, farm lands, lakes, sands and ice are communities of life, and overall system protection and governance must be carried out. Sixth is the scientific concept of nature. Nature is wealth. Protecting the ecological environment means protecting natural value and increasing natural capital. Damage to nature will be punished by the laws of nature. Seventh is the concept of ecological rule of law. The most stringent system and the strictest rule of law should be used to protect the ecological environment and make the system a rigidly restrained and untouchable high-tension line. Eighth is the concept of nation-wide action. The construction of ecological civilization is closely related to everyone, and everyone should be a practitioner and promoter. Ninth is the concept of global win-win. The construction of ecological civilization is related to the future of mankind. Building a green home is the common dream of people of all countries. Protecting the ecological environment is a common challenge and responsibility for the world. The international community should work hand in hand, unite and cooperate to build a global ecological civilization.

Xi Jinping is very concerned about the construction of eco-civilization in Yunnan, he visited twice within recent 5 yeas, and put forward the three strategic positioning: "Yunnan should actively serve and integrate into the country strategy, and strive to become a demonstration area for ethnic unity and development, vanguard in eco-civilization construction, and a radiation center for South Asia and Southeast Asia." Xi Jinping also pointed out that Yunnan has a very important ecological status, and it is known as the "Kingdom of Flora", "Kingdom of Fauna" and "World Garden". The World Garden is Xi Jinping's new description of the eco-civilization construction in Yunnan, which points out a new direction and puts forward higher requirements for the construction of vanguard in eco-civilization. As a world garden, Yunnan embraces profound environmental and ecological significance, as well as unique practical significance. The Yunnan Provincial Party Committee and Yunnan Government resolutely implements the spirit of Xi Jinping's speech. In May 2020, the "world garden" was written into the "Report on the Work of the People's Government of Yunnan Province", described as "protect our blue sky and white clouds, lucid waters and lush mountains, as well as fertile land, so that the reputation of 'Kingdom of Fauna' ' Kingdom of Flora' and 'World Garden' will become even stronger". In January 2021, the "world garden" was once again written into the "Report on the Work of the People's Government of Yunnan Province".

Under the guidance of Xi Jinping's thoughts on ecological civilization, Yunnan insists on giving priority to protection, insisting on the integrated protection and systematic governance of mountains, waters, forests, farm-land, lakes, grass, sand and ice, strengthening the ecological environment protection and restoration of important river and river basin, coordinating the rational development, utilization and protection of resources, and safeguarding the living things and trees, waters and mountains, participating in global biodiversity governance, and jointly build a shoped future for all  life on earth.

From "striving to be the vanguard of ecological civilization construction" to "world garden", this is Xi Jinping's new description and new expectation on the ecological civilization construction in Yunnan. Yunnan's biological species, genetic resources, ecosystem, geographical landscape, as well as social and cultural values have made Yunnan a world garden, and "world garden" will become synonymous with Yunnan. The world garden is Yunnan, and Yunnan is the world garden.

As the world garden, Yunnan has a pleasant climate and abundant natural resources. There are 36 biodiversity hot spots in the world, 3 out of them are located in Yunnan (Eastern Himalayas, India and Burma, and Southwestern China). Yunnan has a diverse climate, with small annual temperature differences and large daily temperature differences. The difference between dry season and wet seasons are distinct. The temperature varies significantly as altitude and topography change. It has the reputation of "all seasons in a mountain and different weathers within several miles". The forest coverage rate in Yunnan reached 65.04%, the percentage of days with good air quality in prefecture-level and above cities reached 98.8%, and the air quality reached the national second-level standard for three consecutive years. There are mountainous areas and dam areas in the world garden, and mountainous areas account for 94%. The climate is pleasant and livable, the ecological agricultural products and resources for health-preserving are rich; there are abundant agricultural resources, tourism resources and clean energy resources. Green food, green energy, healthy living destinations, etc. are the characteristics and advantages of the world garden.

As the world garden, various ethnic groups live in unity in a harmonious society, Yunnan is a demonstration area of ethnic unity and development. The people in the world garden fully implement the ethnic theory and ethnic policies of CPC, insist on unity and struggle for common prosperity and development, and stick to the ideas of "all ethnic groups are a family, and a family must live a good life." "All ethnic groups are hugging each other as tight as pomegranate seeds. " Han nationality cannot do without ethnic minorities, ethnic minorities cannot do without Han nationality, and ethnic minorities cannot do without each other. During the construction of the new connotation of the Chinese nation's community consciousness in the new era, people in Yunnan shall make unremitting efforts to promote the Chinese dream of the great rejuvenation of the

Chinese nation.

As the world garden, Yunnan is the radiating center and opening frontier facing South Asia and Southeast Asia for China. Yunnan is connected with South Asian and Southeast Asian countries through mountains and rivers of of the same origin. The geological location has created new historical opportunity for Yunnan's opening up and cooperation with neighboring countries, and occupied a favorable strategic position. Presently, Yunnan is no longer a fringe area and the "tip" of opening up, but an important channel connecting China with South Asia and Southeast Asia. It is a significant intersection of numerous national development strategies, such as, the "Belt and Road", the Yangtze River Economic Belt etc, Yunnan is now full of vitality. Nowadays, Yunnan, as the

活力四射的人民（张　彤/摄）

world garden, is the Chinese radiating center and opening-up frontier to South Asia and Southeast Asia which shoulders historical and political responsibilities.

Yunnan is the world garden, while it is also the garden for Yunnan people, for all Chinese people, and for the people from neighboring countries and all over the world. It is firmly believed that under the strong leadership of the CPC Central Committee with Comrade Xi Jinping at its core, the Yunnan Provincial CPC Committee and the Yunnan Provincial Government, we set Xi Jinping Eco-civilization thought as the fundamental course, and build Yunnan into a more beautiful and prosperous province by making better use of the geographical advantage of "frontier", cultural advantage of " ethnic groups", green advantages of "mountain areas" and ecological advantage of "beauty".

Yunnan is striving to become the vanguard of the national ecological civilization construction and forge a world garden, we should stay true to our original aspiration and keep our mission firmly in mind; we should consolidate progress step by step to promote the construction of ecological civilization in Yunnan, therefore, the marvelous scenery of Cangshan Mountain and Erhai Lake will remain in Yunnan forever. By that time, a magnificent picture of bluer sky, clearer water, greener mountains and more fertile land will be presented in Yunnan, and it will inevitably become an ideal residence place for people and destination for healthy living.

Yunnan is a "poetry distance and dreaming hometown" and a beautiful place endowed with abundant resources. People are living in awe of nature, in harmony with nature, protecting the ecological environment like their own eyes, and treating the ecological environment like their own lives.

Welcome to the World Garden! Enjoy the beauty of Yunnan and stay with us!

昭通水富市云富镇玛瑙乡美丽乡村（柴峻峰/摄）

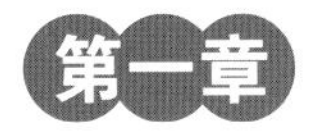

# 山水之美

Chapter I　Beauty of Landscape

山水之美是世界花园的基础部分，云南有大美，最美在山水。保护好绿水青山、蓝天白云，是云南践行生态文明理念、建设美好家园和世界花园的基本内容。习近平同志指出：“良好的生态环境是云南的宝贵财富，也是全国的宝贵财富，一定要世世代代保护好。”云南牢记习近平总书记的嘱托，争当生态文明建设排头兵，认真践行绿色发展理念，不断加强生态环境保护与治理，大力培育绿色发展新动能，不断提升人居环境，加快生态安全屏障建设，加强环境监管执法，健全生态文明制度体系，保护好云南的绿水青山、蓝天白云。

延绵乌蒙大山川（柴峻峰/摄）

## 一 神奇大地

绿水青山、蓝天白云是云南作为世界花园的重要生态基础和组成部分。云南享有“动物王国”“植物王国”和“世界花园”的美誉，与其特殊的地理基础、生态条件和生态地位密不可分。

### （一）神造的天梯

云南是我国自然条件复杂多样而又独特的边疆省份，其地理环境十分复杂，由两大地貌单元构成，即以云岭东侧至元江谷地一线为界，东部为高原，西部是横断山地。东西两大地貌单元的形成与区域特征有显著差异，景观格局的演变也不相同。云南东部高原和西部山地在地形地貌上的差异，是云南地貌上的重要特征。不仅有西北向东南倾斜、纵横起伏的高原面，而且有高山与深谷相间的纵谷区；既有星罗棋布的断陷盆地，又有山川之间的大小湖泊。形成了云南从盆地到丘陵、河谷到高原、湖泊到山川的类型多样、复杂多变的地貌特征，构成了云南地理环境的多样性。①

云南地处青藏高原的南延部分，山地占总面积的84%，高原占10%，盆地（当地称“坝子”）占6%；地势大体上是西北高南部低，呈阶梯状递减，西北部为云贵高原地势最高带，海拔一般在3000—4000米，有许多终年积雪的高山，如玉龙雪山、梅里雪山、哈巴雪山等。境内的最高点是位于云南和西藏自治区交界的德钦县梅里雪山的主峰卡瓦格博峰，海拔6740米；而最低点则是位于云南省东南部红河与南溪河交汇处，海拔仅为76米。整个高原地势由北向南大致可分为三个梯层：第一级梯层为西北部德钦、中甸一带，海拔一般在3000—4000米，许多山峰海拔达到5000米以上；第二梯层为中部高原主体，海拔一般在2300—2600米，有3000—3500米的高海拔山峰，也有1700—2000米的低海拔盆地；第三梯层则为西南部、南部和东南部边缘地区，分布着海拔1200—1400米的山地、丘陵和海拔小于1000米的盆地和河谷。全省地形大致以大理、剑川间至元江谷地一线划分为东西两个部分：东部是地面崎岖不平、层峦叠嶂的云南高原，西南部则地势趋缓，出现开阔河谷地带。云南的西部是横断山及其余脉盘踞的滇西纵谷区，山峰与峡谷间高差3000米以上，怒江、澜沧江、金沙江与高黎贡山、怒山、云岭、玉龙雪山自西北向东南呈平行状排列，进入云南中部形成帚状分布。云南多断层湖和山间盆地，较大的湖泊有滇池、洱海、抚仙湖和程海等。面积在1平方千米以上的坝子总面积达2.4万余平方千米。大坝

①杨宇明：《云南：地球生物多样性的窗口》，载《人与自然》，2021年第1期。

子有80%位于海拔1300—2500米的地区，大部分在云南中部。这些坝子年温差小，降水量适中，是重要的产粮区，包括昆明、大理、玉溪、曲靖、沾益、陆良、宜良等坝子。位于海拔1300米以下地区的低地坝大都分布在云南南部。这些地方气候炎热，降水丰富，适宜水稻和热带经济作物生长。重要的坝子有景洪坝、橄榄坝、勐腊坝和元江坝等。

从大的地理区位上来看，云贵高原的形成与6500万年前印度洋板块与欧亚板块猛烈碰撞和持续挤压而造成青藏高原及其东部的云贵高原大幅抬升紧密关联。因为特殊的地质构造运动，造就了云南独特的地理和生态地位，尤其是集中于云南高原与青藏高原接壤的横断山区、澜沧江与怒江的分水岭，不仅是印度洋水系和太平洋水系的陆上分水岭，还是印度—马来西亚主要的植物群和中国（东亚）的主要植物群分隔的分界点，也是动物学上东方区和古北区的交界处。

### （二）十里不同天

云南位于全球性的基本气流（风带）的季节性位移最明显的纬度范围内，是我国大陆同时承受印度洋和太平洋两大洋季风影响最深厚的地区。[①] 西风环流和西南季风以及东南季风的季节性进退更替，对云南气候区域性特征的形成有着决定性的作用。云南的气候属于亚热带－热带高原型湿润季风气候，总的特点是干湿季节分明、气候类型多样，大部分地区冬暖夏凉、阳光充足、降雨充沛，是人类理想的栖息地。但这不完全反映云南全省的气候类型，而只是滇中、滇东及滇北亚热带高原季风气候带的主要特征。云南气候显著的区域性特征的形成原因，不但在于它所处的地理位置，而且在于青藏高原对大气环流的特殊影响和云

①杨宇明：《云南：地球生物多样性的窗口》，载《人与自然》，2021年第1期。

白马雪山（马国强/摄）

南高原本身的独特地势。以元江河谷和云岭山脉东侧宽谷盆地一线为界，东部高原绵延，西部山川纵横，地貌形态差异很大。云南南部，因低纬度与低海拔结合，为典型的热带季风气候，长夏无冬，一雨成秋；中部地带，纬度在23°—26°，属于过渡型亚热带，但因中部高原海拔多在1300—2300米，具有年温差小、日温差大、四季如春的特征；云南北部由于高纬度和高海拔相结合，长冬无夏，气候寒冷，是寒冷的高山型气候。[①]

云南处于一个地面起伏巨大的多山地区，山峰众多、山岭重叠，而总体地势呈北高南低，海拔相差6663.6米，相当于在我国地势三级结构中需要跨越几千千米距离而逐渐下降的高度，在云南南北短短的960千米的距离内便急促地完成。海拔极高、极低两地年均温度若按理论值计算至少相差40℃，超过了中国南北约跨越35个纬度所造成的温度差异。而且大多数山体高低悬殊，同一山体从山麓到山巅水热分布的组合状况相距甚远，高原地势的巨大起伏，深切河谷与山峰之间的巨大海拔高差，以及复杂的地形条件下对云南气候因素的再分配与组合的作用十分显著，在同一区域多水平和多层次的光、热、水、气 错综复杂的配合状况下，在同一水平气候带下出现了“水平分块、垂直分带”的立体气候特征，是云南气候多样化的真实写照。立体气候是云南区域气候的一个重要特征，几乎每一区域从山脚到山顶都可以划出几个不同的垂直带，当地称这一气候特点为“立体气候”。[②]特别是在纵谷山地，因河床不断侵蚀，山高谷深，从河谷到山顶，由于高度的上升造成气候类型的差异，一般高度每上升100米，温度就降低0.6℃。这些地区，在河

①陆韧：《云南对外交通史》，云南民族出版社1997年版，第7—8页。

②方铁主编：《中国边疆通史丛书·西南通史》，中州古籍出版社2003年版，第1—2页。

七叶龙胆花海（施俞丞 / 摄）

怒江大转弯（林　森/摄）

谷常常是热带气候，山腰为温带气候，到了山顶，则终年积雪，已是寒温带气候了。“山高一丈，大不一样”“一山分四季，十里不同天”，正是云南立体气候的写照。[①]

## （三）四季轮回的秘境

云南特殊的地理位置，在受到两大季风和南支西风的控制和影响下，导致了云南显著的区域性气候特征和极为多样化的立体气候类型。不同区域之间的气候差异巨大，而在同一地区由于地形、降雨等因素造成的局部范围水热条件的差别也是十分显著和普遍存在的。各地自然环境结构与气候类型的差异更为复杂多样，从南部边缘的热带雨林气候到西北部的高山寒温带森林、草甸，直到高山苔原、荒漠和雪山冻原、冰漠带等各种气候带类型，并且还分布有湿润、半湿润到半干旱和干旱的气候区，热量状况相当于从海南岛到黑龙江流域，水分差异类似由东南沿海到西北甘肃、青海、内蒙古一带，并形成干湿季分明的特点。地貌、气候类型之多，地区差异之大，植被类型之全为中国和世界所罕见，而成为云南丰富的生态系统多样性的最重要的自然环境基础。

云南生态系统多样性的地理环境形成的因素是：在水平地带性地理气候带的影响、地势倾斜和地形的变化及山地垂直生物气候的立体效应等因素下，通过水热因子的复杂配合，形成了多种多样的生境类型，并在与生物类群相互作用的过程中发育了从河谷热带到高山寒带完整的生态系统多样性系列。在中国的50个重要生态功能区中，云南有8个区的生态功能重要而独特。从深嵌的谷地到高耸的山峰形成了跨越4个以上生物气候带的气候特征，进而导致了山地景观类型与生态系统类型

---

①陆韧：《云南对外交通史》，云南民族出版社1997年版，第8页。

的丰富性、植被和动植物分布的立体性和生物地理成分的复杂性。[①]垂直分布的气候条件与自然资源的分布紧密结合。植物的垂直、立体性分布特征是立体气候的直接后果。具体来说，植被垂直分布为：海拔1200—1900米生长着由扭黄茅、香茅为主的旱、中生禾草群落，其中散生有木棉、山黄麻、虾子花等，共同组成稀树灌木草丛；1900—2500米生长着以壳斗科的栲属和青冈属为主组成的常绿阔叶林，现状植被以云南松为主；2500—2900米为湿性常绿阔叶林，森林上层乔木中壳斗科的石栎属树种占优势，林下则以箭竹占优势，树干附生苔藓、地衣，生境潮湿；2900—3200米为云南铁杉林及常绿针阔叶混交林带。从海拔2300—2400米开始，云南铁杉出现于湿性常绿阔叶林群落中，随着海拔的升高，云南铁杉与常绿阔叶树混交，至海拔2800—2900米才见云南铁杉纯林。海拔3100—4100米分布着由云杉林和冷杉林组成的寒温性针叶林。高山灌木丛和高山草甸分布在4000—4700米，前者以杜鹃属的植物占优势，后者则以狐茅草甸和嵩草草甸为主。[②]山系和山脉与地下资源的储存分布和方式直接相关，植物和植被的分布又与地表资源的分布直接关联。植物和植被既是人类生存的重要资源，又是动物生存的乐土。因此，在立体气候分布的地方，自然资源的分布往往与气候的特征高度一致，自然资源的富集程度，包括丰富程度和储存储量的大体趋势都随着海拔的升高而逐渐递减。不同的海拔高度往往对应着不同的植被和植物类型，也对应着不同的生态环境条件。[③]

云南的生态环境具有四个特点：第一是处于西南生态安全屏障区的

①杨宇明：《云南：地球生物多样性的窗口》，载《人与自然》，2021年第1期。

②中国大百科全书总编辑委员会、中国地理编辑委员会：《云南高原》，载《中国大百科全书·中国地理》，中国大百科全书出版社1993年版，第588页。

③方铁主编：《中国边疆通史丛书·西南通史》，中州古籍出版社2003年版，第1—2页。

澜沧江干热河谷（李　谨/摄）

重要性。云南地处大江之源、高原之上，是东南亚国家和我国南方大部分省（区、市）的“水塔”和生态屏障。境内森林覆盖率超过50%，肩负着西部高原、长江流域、珠江流域三大生态安全屏障的建设任务，生态区位重要，生态功能突出。第二是多样性与脆弱性并存。一方面，云南是我国乃至世界的生物多样性聚集区和物种遗传基因库，生物种类及特有类群数量均居全国之首，生物多样性在全国乃至全世界均占有重要的地位，是我国乃至世界的物种遗传基因库。同时，云南的地理环境、地形地貌都具有丰富的多样性。另一方面，云南位于西南山地河谷典型生态脆弱区，由于地形、地貌以及地理环境的复杂性和多样性，导致光热水气等自然资源的时空分布不均、差异极大，加上人为干扰（毁林开荒、陡坡耕作、采矿伐薪等不合理利用资源）等多种原因，导致生态系统的生产力、恢复能力下降，生态环境十分脆弱。[①] 第三是云南大部分处于限制开发与禁止开发区域。在新一轮的国家国土资源空间主体功能规划中，云南省划分了四个类型，即优化开发区、重点开发区、限制开发区和禁止开发区。其中，云南省的限制开发区和禁止开发区占云南省区域面积的接近40%[②]，开发和发展区域空间较小。第四是云南境内绝大部分地区经济社会欠发达，跨越发展的压力仍然存在。经济社会欠发达一直是云南尤其是民族地区面临的最大问题之一。

进入新时代，在社会主义现代化建设的新征程中，云南独特的地理基础、罕见的气候和生态环境多样性，是云南生态文明和世界花园建设的重要内容和重要基础。

---

①钟晓娟、孙保平等：《基于主成分分析的云南省生态脆弱性评价》，载《生态环境学报》，2011年第20卷第1期。

②限制开发区占云南省区域面积的33.93%，禁止开发区占5.47%。

梅里雪山星轨（和晓燕 / 摄）

元谋干热河谷（张　彤/摄）

## 二 明珠玉带

云南境内不仅有包括多条国际河流的六大水系，还有以滇池和洱海为代表的九大高原湖泊罗布其间，成为诸多的高原明珠。云南山区占辖区总面积的94%，河湖多位于坝区和峡谷区，犹如明珠玉带穿嵌于云岭大地之上。

雨后的抚仙湖（潘　泉/摄）

### （一）璀璨的琉璃

滇池、洱海、抚仙湖、程海、泸沽湖、杞麓湖、异龙湖、星云湖、阳宗海等九大高原湖泊犹如一粒粒璀璨的明珠散落在彩云之南的广袤大地上，不仅是承载云南人民生生不息的重要环境基础，也是云南山水之美的重要组成部分。

滇池是云南高原上最为耀眼璀璨的明珠。清乾隆年间孙髯所作的中华第一长联《大观楼长联》对地处昆明的滇池作了流传至今的生动描写：

> 五百里滇池，奔来眼底，披襟岸帻，喜茫茫空阔无边。看：东骧神骏，西翥灵仪，北走蜿蜒，南翔缟素。高人韵士何妨选胜登临。趁蟹屿螺洲，梳裹就风鬟雾鬓；更蘋天苇地，点缀些翠羽丹霞。莫辜负：四围香稻，万顷晴沙，九夏芙蓉，三春杨柳。
>
> 数千年往事，注到心头，把酒凌虚，叹滚滚英雄谁在？想：汉习楼船，唐标铁柱，宋挥玉斧，元跨革囊。伟烈丰功费尽移山心力。尽珠帘画栋，卷不及暮雨朝云；便断碣残碑，都付与苍烟落照。只赢得：几杵疏钟，半江渔火，两行秋雁，一枕清霜。

这寥寥180字，道尽了滇池及昆明周边地形的殊胜之美，以及云南历史的沧桑巨变。《云南通志·地理志》载：“滇池为南中巨浸，周广五百余里。”登高望远，这空阔辽远、烟波浩渺的湖水令人心旷神怡。东方的金马山似神马奔驰，西边的碧鸡山像凤凰飞舞，北面的蛇山如灵蛇蜿蜒，南端的鹤山如白鹤翱翔。眺望远处，那螃蟹似的小岛、螺蛳般的沙洲尽收眼底；薄雾中的绿树垂柳像少女梳理的秀发一般摇曳多姿；

晨雾中的滇池“睡美人”（王贤全 / 摄）

还有那湖水中漫天的水草、遍地的芦苇，点缀其间的是翠绿的小鸟和数抹绚烂多姿的红霞。面对如此醉人的美景，切莫辜负了滇池四周飘香的金色稻谷、明媚阳光下的万顷沙滩、夏日婀娜的莲荷、春天依依的杨柳。

作为一介书生和当时名士，孙髯以雄浑优美的文字和悠远的哲思意境，为世人呈现了200余年前的滇池美景，令人神往和陶醉。

昆明四季如春，春城的美誉基于滇池对昆明坝子局部气候的独特营造。早在唐代时期，滇池之美即被文人描绘于诗词中。明崇祯十一年，徐霞客入太华寺，登临西山龙门，面对滇池草海写下“四围山色，掩映重波间，青蒲偃水，高柳潆翠，天然绝境……”的赞美之词。

滇池之美，美于烟波浩荡，广阔无垠。伫立在滇池湖畔的西山，犹如一位美女仰卧在浩渺烟波之中，为滇池最为有名的“美人卧波”。“昆池千顷浩溟濛，浴日滔天气量洪。倒映群峰来镜里，雄吞万派入胸中。”天生图画，怎不让人心旷神怡？[①] 滇池之美，还美于人与自然的和谐、互动与共生。滇池是昆明坝子周边多民族共享、生生不息的美丽家园。“担头诗卷半挑酒，水上人家都种莲。”20世纪80年代开始飞抵昆明越冬的红嘴鸥，是翱翔于滇池的精灵，为滇池人与自然和谐共生增添了灵动的点缀。

洱海位于大理白族自治州，千百年来，它哺育着周边的各族人民。洱海的美是一种内秀的美。“苍山无墨千秋画 ，洱海无弦万古琴”，是洱海之美的绝佳写照。苍山列如画屏，洱海涛涌不息。洱海的风光妩媚，湖光山色、渔村、海舌更是天然画卷。南诏诗人杨奇鲲在一首诗里这样描写：“风里浪花吹又白，雨中岚影洗还清。”洱海犹如一匹蓝

---

①米广弘：《行走云南之一：滇池“孔雀蓝”里的天地美》，环球网文旅频道，2020年5月21日。

披肩，在苍山和鸡足山之间漂荡。洱海月，是大理“风花雪月”四景之一，让人无限遐思。

几千年来，白族先民逐水而居，世世代代繁衍于苍山、洱海之间，在画山绣水之间生活了千百年。从干栏式草棚到三坊一照壁、四合五天井，用渔樵耕读创造了辉煌的农耕文明，淡然与包容、平和而谦虚、明德而至善、务实而奋发的性格展现给世界。“洱海清，大理兴”，这是一个民族对美好生活永远的祈愿，也是天地湖人和谐共生的真实图景。洱海就是生活在这里的人们幸福的源头。

洱海生态廊道（郭　娜 / 摄）

九大高原湖泊各有特色，滇池烟波浩渺，抚仙湖万顷琉璃，阳宗海、星云湖、异龙湖各有千秋。泸沽湖是大自然留给世界最好的礼物，是大地留给民间最美的传说。它充满着神韵，有着神奇而富有灵魂的神话传说。泸沽湖烟波缥缈，碧水蓝天，如同镶嵌在神秘之巅的高原明珠。“水色清寒山色奇，空蒙一度暗香里。芦花飞雪秋思尽，多少斜阳话摩梭。”是人们对泸沽湖美的深刻描画。

洱海无弦万古琴（王贤全/摄）

台湾画家、学者李霖灿先生说：泸沽湖不能画出来，因为水太蓝了，画出来像是假的。作家白桦说：泸沽湖的水可以直接吸进笔中写诗，但诗又无法穷尽它的意味。有一个电影导演说：泸沽湖无法用镜头展现，因为镜头展现的只能是门外的事，唯有音乐，是无色无相，又是最深处的情感的东西，只适合用音乐表现。他们的感受各有不同，有一点却是相通的：泸沽湖只能领悟不能言传。它是一块只能让人想象的土地。想

梦，想神，想母亲，想万物的萌动，想灵魂的翔舞，想静夜的轮转，想前生和来世。[①]

## 泸沽湖，美到窒息的海菜花湖

泸沽湖位于云南省丽江市宁蒗县和四川省盐源县之间的万山丛中，作为中国最有名的淡水湖之一，面积达50余平方千米，湖水清澈蔚蓝，最大能见度为12米，素有“高原明珠”之称。湖中有5个岛、3个半岛，湖中各岛亭亭玉立，形态各异，林木葱郁，翠绿如画，湖水清澈如镜，水天一色。

这里有风景秀丽的湖水，也有悦耳动听的歌声。湖的周围生活着普米族、彝族、纳西族的摩梭人等少数民族，他们有着相似或不同的民族风俗和生活习惯，静静地守望着、包容着，用岁月演绎着生活的朴实。在湖光山色中生活的摩梭人至今还保留着母系氏族的民族风情。他们的“阿注”婚姻、语言文字、生产生活方式及风俗习惯，成为考察和研究人类文化发展历史的鲜活形态，被人们称为“人类母系社会文化的活化石”。而泸沽湖被称为“至今生活在创世之梦中的世外桃源”。“东方女儿国”泸沽湖以其秀美的自然风光和独特的摩梭文化吸引了大量中外游客。

泸沽湖最美的景色是海菜花盛开的时节。在每年5—10月，泸沽湖的湖面上漂浮着一朵朵白色的小花，铺满了整个湖面，随着波浪上下漂荡，整个湖面仿佛成了一片花海，宛若人间仙境。

海菜花，摩梭人称之为“开普”，那是一种脆弱但却十分美丽的水生植物。海菜花叶翠绿欲滴，茎白如玉，花朵清香宜人，其花色玉白，花蕊鹅黄，盛放时浮于水上，成千上万朵在阳光下熠熠生辉。每天，它和泸沽

①拉木·嘎土萨：《拉木·嘎土萨作品选集》，光明日报出版社2016年版，第64页。

静谧的泸沽湖（杨　峥/摄）

湖的清晨一起醒来，当阳光洒满湖面，花朵露出水面，展现出它清新绝美的面容；太阳下山后，花朵就偷偷藏到了水中不见踪迹，就像是生长在水中的向阳花，永远向着阳光绽放。从大落水码头出发，沿着蒗放村、普洛村、草海、尼赛村、里格村、情人滩环湖一圈，不论从哪个角度看过去，那白色的小花，星星点点，似繁星挂满夜空，使得整个湖面更加灵动热闹。

或驻足湖岸，或乘坐猪槽船往泸沽湖深处行进，都能与那些小小的花儿来一场零距离约会。湖面上的花海荡漾，水底下的风景却也丝毫不逊色，慢慢贴近水面俯视湖底，清澈得像在一瞬间进入了另外一个世界。细长的花枝在水下随着波浪摇摇晃晃，那扭动着的模样像极了少女在翩翩起舞，让人无法挪开视线。

海菜花是中国独有的珍稀濒危水生药用植物，对水质的要求极高，水清则花盛，水污则花败。因此，这朵朵白花也印证了泸沽湖水的干净清澈。为了让泸沽湖水更清、天更蓝、花更妍，丽江市制定了《泸沽湖保护条例》，对泸沽湖沿湖 80 米生态红线范围内的民居客栈等建筑进行了集中拆迁整治。同时，构建了“综合执法＋联合执法＋社区协管”的共治共管格局；强化滇川共治，共同开启流域山水林田湖草系统保护治理新局面；坚持“湖边游览、湖外食宿”战略布局；开展封湖禁渔，严厉打击非法捕捞，有效保护水生生物资源。目前，泸沽湖水质稳定保持在地表水Ⅰ类。

高原湖泊大多属于内陆湖，加之云南高原喀斯特地貌水土保持较为困难，随着社会经济的发展，河湖水污染形势日益严峻，为云岭大地人与自然的和谐及可持续发展带来了严峻挑战。保护、治理好九大高原湖泊是云南生态文明建设的重要关切点。自 20 世纪 80 年代开始，在持续多年的治理过程中，云南逐步探索并形成了“一湖一策、分类施策”和

“一湖一法”的治理政策。党的十八大以来，中国特色社会主义建设事业进入新时代，云南九大高原湖泊的治理不断加强。

云南以习近平生态文明思想为指导，把九大高原湖泊的治理放在云南生态文明排头兵建设的重要位置，先后出台多个法规、文件，把九大高原湖泊保护治理作为河（湖）长制工作的重中之重，推动高原湖泊治理思路发生根本转变，云南生态文明建设迈向新台阶。彻底转变“环湖造城、环湖布局”的发展模式，先做“减法”再做“加法”；彻底转变“就湖抓湖”的治理格局，解决岸上、入湖河流沿线、农业面源污染等问题；彻底转变“救火式治理”的工作方式，解决久拖不决的老大难问题；彻底转变“不给钱就不治理”的被动状态，健全完善投入机制，最终实现从“一湖之治”向“流域之治”、山水林田湖草生命共同体综合施治的彻底转变。按照新治湖思路，全省确定了坚决打赢过度开发建设治理、矿山整治、生态搬迁、农业面源污染治理、水质改善提升、环湖截污、河道治理、环湖生态修复等八大攻坚战。按照生态保护红线、环境质量底线、资源利用上线和环境准入负面清单要求加强空间管控。

目前，云南省市协同共抓九大高原湖泊保护治理的良好局面已经形成，保护治理工作取得初步成效，湖泊水体质量总体稳中向好。2018年，洱海水质7个月为Ⅱ类标准，为2015年以来最好水平；阳宗海从劣Ⅴ类恢复到Ⅲ类；滇池草海、外海水质全年综合评价均达到Ⅳ类，为30年来最好水平。2019年各湖水质总体保持稳定。2020年1—10月，抚仙湖、泸沽湖稳定保持Ⅰ类，水质优；洱海全湖水质5个月Ⅱ类；阳宗海保持Ⅲ类，水质良好；滇池草海、程海（氟化物、pH除外）保持Ⅳ类；滇池外海、异龙湖Ⅴ类；星云湖与2019年同期相比，由劣Ⅴ类好转为Ⅴ类；杞麓湖劣于Ⅴ类。

俯瞰阳宗海（云南建投/供图）

## 滇池的治理

滇池的治理是云南九大高原湖泊治理的缩影和代表。滇池位于云贵高原中部，长江、珠江、红河三大水系的分水岭地带，属长江流域金沙江水系的半封闭宽浅型湖泊，是我国第六大淡水湖。滇池流域面积2920平方千米，湖面面积299.7平方千米，湖面海拔1875.5米，湖容12.29亿立方米，湖体略呈弓形，弓背向东。滇池湖面南北长40千米（含草海），东西平均宽7000米，最宽处12.5千米，湖岸线长150千米，平均水深5米，最深8米。出入滇池的河流主要有36条，其中入湖河道35条、总长553.9千米，还有支流109条、总长348.5千米；出湖河道只有螳螂川1条，长97.6千米。1996年，开通了草海西园隧道，出湖河道增加到2条。35条河流从四周呈向心状注入滇池，入湖河口主要集中在草海北岸、东岸以及外海北岸，而湖水出口位于西岸。滇池流域多年平均陆地天然入湖水量6.65亿立方米，最大12.53亿立方米，最小2.61亿立方米，相差4.8倍。出湖水量最大10.024亿立方米，最小0.237亿立方米，多年平均出湖水量4.286亿立方米。

现今滇池周边依然流行的民谣，充分反映了滇池的污染历程："50年代淘米洗菜，60年代摸虾做菜，70年代游泳畅快，80年代水质变坏，90年代风光不再，现今时代依然受害。"实际上，滇池的污染经历了三个阶段：第一阶段为70年代中期以前，外海、草海水质均为Ⅱ类。第二阶段为70年代末期至90年代初期，草海水质80年代变为Ⅴ类、90年代超Ⅴ类，外海水质80年代为Ⅳ类、90年代Ⅴ类。滇池水质恶化，草海异常富营养化，局部沼泽化；外海严重富营养化，全湖水质超Ⅴ类。第三阶段为90年代中期以后，2015年以前总趋势是逐渐加重，1995—2005年，污染呈现增

滇池治理见成效（张　彤/摄）

长趋势，2016 年有所改善。2005—2010 年，污染呈逐渐下降的趋势。滇池 26 种土生鱼类，至 2008 年一度仅剩 5 种，其余几乎绝迹。污染的主要来源有工业污染、城市生活污水污染、农村面源污染，其污染与周边人口增加、昆明城市扩张紧密关联。

从 20 世纪 70 年代初治理开始，滇池的治理大致经历了三个阶段。第一阶段是启动治理阶段（1972—1988 年）。1972 年，周恩来总理在昆明指出："滇池问题、螳螂川问题要解决，不然影响整个昆明市整个建设。"

昆明市滇池治理保护工作（张　彤 / 摄）

对滇池治理问题作出重要指示。这时期的治理主要是局部的、见子打子的治理，口号宣言比较多，实际行动少，污染基本没有得到控制。第二阶段是全面治理阶段（1988—2005年）。1988年3月，云南省颁布《滇池保护条例》，8月，《滇池综合治理大纲》通过并开始实施。2002年，为了适应滇池保护和治理的需要，成立昆明市滇池管理局。2004年，滇池综合管理行政执法局成立，标志着滇池依法保护和管理又迈上了新的台阶。第三阶段是加速治理阶段（2006年至今）。2008年1月，昆明市成立了滇池流域水环境综合治理指挥部。2012年，为了加强滇池的保护和管理，制定了《云南省滇池保护条例》。云南省委、省政府提出“环湖截污及交通、农业农村面源治理、生态修复与建设、入湖河道整治、生态清淤、外流域调水及节水”六大工程，并继续深化。2013年12月29日，牛栏江—滇池补水工程正式通水。“十二五”之后，滇池各项治理全面加速，真正进入了系统性、实质性治理阶段。

滇池污染治理自20世纪70年代初期开始一直持续至今。目前，已经形成了全方位、立体化、整体性的综合治理思路。云南把滇池治理作为高原湖泊保护的典范。坚持“党政同责、一岗双责”，全面落实河（湖）长制，层层压实工作责任；加大督查问效力度，严格监管执法，对各类环境违法违规行为零容忍，坚决打赢保护治理硬仗。目前，滇池治理已经形成了全方位、立体化、整体性的综合治理思路。在创新制度保障方面，在全国首创并完善了五级河长制与生态补偿量化结合的管理体系。同时，率先实行治理措施的生态化转向，坚持“山水林田湖草是生命共同体”的理念，全面开展生态修复，促进治理措施由工程型向生态型转变，不断改善流域生态环境多样性。多措并举、综合治理，滇池的污染状况得到很大改善。分而述之，在工程性治理方面，主要采取环湖截污和外流域调水、入湖河道整治、农业农村面源污染治理、生态清淤、生态修复与建设等方式促进滇池水生态系统恢复；在创新制度保障方面，首创并完善了五级河长制与生态补偿量化结合的管理体系。2021 年以来，以滇池过度开发整治为契机，滇池治理的空间管控效能取得新进展，在一、二、三级保护区的基础上，制定了新的生态缓冲带。云南以水质改善、水环境改善、水生态改善三位一体为核心目标，以“退、减、调、治、管”为重点举措，推进滇池治理迈向新高度。

滇池水生态的变迁与昆明城市的历史演变息息相关，滇池治理成效是昆明市乃至云南省展示人与自然和谐相处的重要窗口。滇池水质的持续向好标志着云南高原湖泊治理开启了里程碑式的新阶段，表明了昆明市乃至云南省生态文明建设取得了扎实成效，也为全国其他地区的湖泊污染治理提供了先行性的实践与经验。

### （二）流淌的史诗

云南境内江河纵横，大小河流共 600 多条，其中较大的有 180 条，是我国很多入海河流的上游区域。这些水系分布十分复杂。它们的流域面遍及全省，分别属于六大水系，即金沙江 – 长江水系、南盘江 – 珠江水系、元江 – 红河水系、澜沧江 – 湄公河水系、怒江 – 萨尔温江水系以及独龙江、大盈江、瑞丽江 – 伊洛瓦底江水系。六大水系分别注入东海、南海、安达曼海三海以及北部湾、莫塔马湾、孟加拉湾三湾，最终归到太平洋和印度洋。六大水系的干流中，除南盘江和元江发源于云南境内之外，其余四大水系干流均发源于青藏高原。从流经区域来看，除珠江、长江之外，独龙江、怒江、澜沧江和元江四条大江均是国际河流，分别流经缅甸、老挝、泰国、柬埔寨、越南等东盟国家，是云南联结诸

金沙江第一湾（刘建华 / 摄）

国的重要生态纽带。云南的水系复杂程度冠绝全国。同时，在横断山区，诸多水系的干流都有一段是由北向南流，这也是云南水系不同于全国其他地区的重要特征。

金沙江－长江水系：金沙江是长江上游，发源于青藏高原唐古拉山中段，从青海省玉树市巴塘河口至四川省宜宾市岷江口，全长 2308 千米，自宜宾以下称长江。因多段盛产金沙故名金沙江，古代又称丽水。金沙江经滇西北重镇德钦县进入云南横断山区，而后进入滇中高原、滇东北与四川西南山地之间，最后从滇东北的门户水富县流入四川省境内。金沙江在云南境内长 1560 千米，流域面积 10.9 万平方千米，占全省总面积的 28.6%，是云南境内流域面积最大的河流。沿江形成众多的以江河景观为主体的风景区，其中最著名的有三个。第一是"三江并流"地理奇观，即指由青藏高原发源的金沙江、澜沧江和怒江，在滇西北和藏东南间形成的三江紧邻南北向平行流动且又互不交汇的地理景观。"三江并流"是国家级风景名胜区，并被评为世界自然遗产。第二是"金沙劈流"。金沙江从中甸高原奔腾而下，由于高度落差太大，江水切穿玉龙雪山和哈巴雪山，形成坡陡谷深的大峡谷——虎跳峡，峡谷长 16 千米，从江面至两岸雪山峰顶高差达 3000 多米，是世界上最深的且江水流经峡谷前后海拔落差最大的大峡谷之一。第三是长江第一湾。它位于丽江石鼓镇，在这里北来江水受岩石阻挡，掉头急转向东北，形成 V 字形大湾，江面宽阔，适于渡江，这也是历史上多次著名的渡江事件发生地。相传诸葛亮"五月渡泸"、忽必烈"革囊以济"都是以此为渡口。1936 年 5 月，贺龙率红二方面军长征也是从这里渡江北上。除此之外，金沙江在德钦县与四川省得荣县交界的奔子栏附近，也形成了极其壮观的大转弯。除了干流之外，金沙江的众多支流也形塑了云南的高原大地。

俯瞰澜沧江（李　谨/摄）

澜沧江 – 湄公河水系：澜沧江发源于青藏高原唐古拉山北麓，流经西藏昌都之后称澜沧江。澜沧江同样由滇西北的德钦县流入云南，与金沙江一起组成“三江并流”，后经迪庆、怒江、大理、保山、临沧、普洱、西双版纳等州（市），从勐腊县出境，经缅甸、老挝、泰国、柬埔寨和越南等五国，最后注入太平洋，境外称湄公河，有“东方多瑙河”之称。澜沧江全长 4500 千米，云南境内长 1289.5 千米，流域面积 9.02 万平方千米，占全省的 40% 左右。沿途景观主要有与金沙江、怒江组成的“三江并流”以及西双版纳澜沧江两岸的奇异风光等。

怒江 – 萨尔温江水系：怒江又名潞江，发源于青藏高原唐古拉山南麓，流经西藏加玉桥后称怒江。怒江由滇西北的贡山县进入云南，流经怒江、保山、临沧、德宏等州（市），从芒市出境。怒江出境入缅甸后称萨尔温江，由莫塔马湾归入印度洋。怒江全长 2820 千米，在中国境内长 1540 千米，云南段长 650 千米，省内流域面积 3.35 万平方千米，占全省总面积的 8.7%。怒江峡谷全长 310 千米，有“东方大峡谷”之称，是世界著名大峡谷之一。怒江在滇西北和藏东南地区与金沙江、澜沧江一起形成了“三江并流”地理奇观。另外，由于特殊的地理和气候条件，怒江大峡谷也成了生物多样性和景观多样性富集之地，是极佳的旅游和科考目的地。

南盘江 – 珠江水系：珠江上游为贵州境内的北盘江和云南境内的南盘江。南盘江发源于海拔 2433 米的曲靖马雄山南麓，流经曲靖、玉溪、红河、文山等州（市），在曲靖罗平县的三江口出省，是滇黔两省的界河，最后注入南海。南盘江在云南境内长 677 千米，流域面积 5.8 万平方千米，占全省总面积的 15.2%。南盘江著名景观有位于长江和珠江分水岭马雄山的珠江源。1985 年，珠江水利委员会考察认定此地为珠江源头，山岩上镌刻着全国政协原副主席、广东省原省长叶选平的题字“饮水思源”。著名景观还有广南县有“小桂林”之称的八宝盆地岩溶景区，还有罗平县境内的九龙瀑布等。南盘江沿岸还是云南稻作民族如壮族、布依族、瑶族等民族的集中分布地，民族文化风情浓郁。

元江－红河水系：该水系发源于滇中高原西部，元江和李仙江为其在云南境内的两大支流。元江的东西两个源头分别发源于祥云、巍山两县，两源汇合后称礼社江，流入元江县后始称元江。元江流域沿岸多红色沙页地层，水呈红色，流经大理、楚雄、玉溪、红河等州（市），从河口县出境入越南。元江在云南境内全长 692 千米。李仙江发源于南涧县，经景东、镇沅、墨江、普洱等县（市），从江城县出境入越南，长 488 千米。元江和李仙江在越南境内汇合后称红河，是北部越南第一大

奔腾的怒江（曹津永/摄）

河流，最后由北部湾入南海。该水系在云南境内流域面积达 7.48 万平方千米，占全省总面积的 19.5%，是六大水系中对云南地理条件影响最大的一条河流。它是滇东和滇西两大地理单元的分界线，它的两侧，地貌形态、气候类型、生物分布均有明显差异。

## 三江并流地理奇观与植物植被[①]

三江并流是指由青藏高原发源的金沙江、澜沧江和怒江，在滇西北和藏东南间形成的三江平行流动且又互不交汇的地理景观。三江并流的地理

①本案例整理自朱华：《解读自然：云南三江并流地区地质奇观与植被地理》，科学出版社2009年版。

三江并流世界遗产区（杨　峥/摄）

位置在北纬 25° 30'—29° 00'、东经 98° 00'—100° 30' 之间的云南西北部。三江并流地区的地质地貌、景观生态和生物多样性等的独特和极端丰富性引起世界瞩目，更令人惊讶的是地球演化历史在这里留下了活生生的印迹。

三江并流地区曾经是地球上古南大陆与古北大陆的碰撞融合地带，其生物种类在历史起源上具有古南大陆与古北大陆的成分融合的背景，在现代自然地理上又体现了热带东南亚与温带喜马拉雅成分的交汇。根据区域资料对比，该套地层应沉积在海拔约 2000 米的高度，现在却分布在白马雪山 4200 米以上的山上，说明自古近纪（距今约 4500 万年）以来，该区地壳至少上升了 2200 米。

由于地貌类型的多样性，三江并流地区具有从热带半荒漠到寒温性针

叶林的各种生态系统类型，包括干暖河谷灌丛、半湿润常绿阔叶林、硬叶常绿阔叶林、中山湿性常绿阔叶林、落叶阔叶林、寒温性针叶林等，相当于欧亚大陆生态系统的缩影，这在世界上是绝无仅有的奇观。三江并流地区是世界上同纬度地区物种最丰富的区域，并且是中国三大特有物种中心之一。

三江并流地区落叶阔叶林呈零星的块片状分布，根据优势树种不同分为红桦林、白桦林、山杨林、柳树林、枫树林等植被类型。世界上落叶阔叶林主要分布在常绿阔叶林带和针叶林带之间，成为一个明显的落叶阔叶林带。在三江并流地区，落叶阔叶林不形成一个带，这一现象一直是植物学家探讨的问题。该地区落叶阔叶林虽不形成一个带，面积也较小，但它含有丰富的落叶阔叶树种，远比北方的大面积落叶阔叶林树种多，并且有许多还是原始类型。因此，喜马拉雅、横断山区被一些科学家认为是东亚落叶阔叶林的发祥地。

寒温性针叶林分布于该地区海拔2700米以上的亚高山中上部，主要由云杉、冷杉及落叶松等针叶树种组成，伴生有部分桦、槭、花楸等落叶树种及杜鹃花属植物常绿树种。它是一种与北方寒温带针叶林在组成与结构上类似的在亚热带高山发育的典型山地垂直带上的森林类型。针叶林曾是2亿年前地球上的优势植被，经第四纪冰期洗礼，以它们顽强的生命力在三江并流地区亚高山再度焕发青春。

在海拔3500米以上的亚高山或高山上的寒温性针叶林带，林间空地常有亚高山灌丛和亚高山草甸。亚高山灌丛主要由杜鹃属植物组成，亚高山草甸种类组成丰富，主要由报春花属、马先蒿属、绿绒蒿属等植物组成。

三江并流地区是世界上同纬度物种最丰富的区域。该地区不仅物种极其丰富，而且是许多植物类群的多样化或分化中心，甚至是其起源地。

几大高山花卉植物，如杜鹃、报春花、龙胆、绿绒蒿、马先蒿、鸢尾、百合等，都以该地区为物种形成和多样化中心。有很多形态特征相近的亲缘物种生长在同一个生境，这类同境物种的形成是如何发生的一直是进化生物学家研究和探讨的热点问题。三江并流地区既有很多在进化上原始而古老的物种，也有大量新近演化的物种，是一个珍稀濒危植物和保护植物的集中分布地。

三江并流区高山塔黄（和晓燕/摄）

秘境独龙江（曹津永/摄）

三江并流地区记录有杜鹃花属植物160余种，是世界上杜鹃花属植物的多样化中心，很多杜鹃花属植物就是在喜马拉雅隆升过程中在该地区演化形成的。三江并流地区传统地被认为是杜鹃花属植物的起源地，但新近的分子生物学证据似乎暗示了其另有来源，故该地区杜鹃花属植物的起源仍是个谜。

马先蒿属植物在该地区有150多个种类，是亚高山草甸的常见成分。它们的花冠很特别，形态和色彩变化多端，与为其传粉的昆虫长期协同进化，甚至形成一种花对应一种昆虫的专一关系。它们是当今传粉生物学研究的热门类群。

报春花属植物是著名的高山花卉，在三江并流地区记录有100多种，它们主要分布在亚高山草甸，不同花色、不同花形的多个种类常生长在一起，是物种起源与进化研究的理想素材。

三江并流世界遗产保护地位于云南省，跨越了云南省丽江市、迪庆藏族自治州、怒江傈僳族自治州的 9 个自然保护区和 10 个风景名胜区，总面积 3500 多平方千米。三江并流世界遗产保护地由怒江、澜沧江、金沙江及其流域内的山脉组成，涵盖范围达 1.7 万平方千米。其景观主要有：三江并流、高山雪峰、峡谷险滩、林海雪原、冰蚀湖泊等。它是云南省面积最大、景观最丰富壮观、民族风情最多彩的景区。同时，它还位于东亚、南亚和青藏高原三大地理区域的交汇处，是世界上罕见的高山地貌及其演化的代表地区，也是世界上生物物种最丰富的地区之一。2003 年 7 月 2 日，经过专家鉴定评议，联合国教科文组织第二十七届世界遗产大会一致决定，将三江并流自然景观列入联合国教科文组织的《世界遗产名录》，从而使中国被列入这一名录的自然和文化遗址达到 29 处。

独龙江、大盈江、瑞丽江－伊洛瓦底江水系：伊洛瓦底江是纵贯缅甸南北的著名大河，流经云南省的主要是该水系的3条较大支流——独龙江、大盈江和瑞丽江。独龙江发源于西藏察隅县伯舒拉岭南部，流经怒江州贡山县独龙江乡独龙族世居地，在云南境内长80千米，出境后在缅甸克钦邦与南塔迈河汇合后称恩梅开江。大盈江、瑞丽江则在德宏、保山境内分别流入缅甸。大盈江在云南境内长186.1千米，瑞丽江在云南境内长332千米。这3条江在云南境内的流域面积为1.88万平方千米，仅占全省总面积的4.9%，但该流域是全省水量最多的地区。独龙江流经地区峡谷深切，气候湿润，森林资源丰富，沿江峡谷绝壁有“自然壁画”之美。大盈江、瑞丽江流域地处滇南和滇东南区域，高温多雨，森林资源丰富，宜于发展热带、亚热带经济作物。该流域同样为我国多民族的聚居之地，遮放米、坚果和咖啡名扬四海。

党的十九大报告中明确提出的“加快水污染防治，实施流域环境和近岸海域综合治理”是着力解决突出环境问题的重要内容。深入实施水污染防治行动计划，统筹水资源、水环境、水生态，保好水、治差水，是云南生态文明排头兵建设的重要内容，也是关乎老百姓福祉的重要工作。把生态治水和水生态文明建设贯穿于各项水利工程建设过程之中，大力整治不达标水体，严格保护良好水体和饮用水水源，加强地下水污染综合防治，协调兼顾人水和谐，着力建设山青、水净、河畅、湖美、岸绿的美好家园。云南全面开展六大水系流域环境综合治理，编制水资源保护规划和方案，全面清理、加强管理入河排污口，保证水功能区水质达标和维持河流合理流量，推进生态脆弱河流水功能区的水生态系统保护与修复，加强污染源整治，加快推进江河和中小河流治理工程，加强河流生态流量管理，不断增强河流水体自净能力。

束河清水绕古镇（张　彤/摄）

经过多年持续推进的全方位治理，云南的水污染治理和水生态保护取得良好成效，九大高原湖泊保护体系基本建成，水质趋势全面转好。2019年，全省主要河流国控省控监测断面水质优良率达到84.5%，比2018年提高0.7个百分点；主要出境、跨界河流断面水质达标率为100%；湖泊、水库水质优良率为82.1%。九大高原湖泊水质稳中向好，地级城市集中式饮用水水源地水质达标率为97.9%，县级城镇集中式饮用水源地水质达标率为98.9%，地下水水质继续保持稳定。[①]

## 三　林海听涛

森林是一个复杂而博大的生态系统。每种森林物种都在森林中有自己的生态位，能找到自己的生存空间。云南多高山深谷河流的地形及其亚热带季风气候、热带季风气候，使之具有森林发展的良好基础。云南不同自然地理地域间的过渡带和镶嵌是云南森林类型、林木种类丰富、多样、复杂的重要动力因素。[②]

云岭大地的郁郁葱葱是云南各族儿女在国家和云南各级政府的领导下，世代艰苦奋斗保护下来的。中华人民共和国成立初期，为支援国家经济建设，云南因其丰富的林业资源，成为重要的木材供应地，形成了完整的木材产业链，木材生产成为云南支柱产业之一。这一时期云南林业建设主要以林业造林、森林防火为重要内容。森工企业的迅猛发展带来了对森林林业资源的过度砍伐，加之大炼钢铁、毁林开荒等违反自然

①云南省生态环境厅：《2019年云南环境状况公报》，2020年6月3日。
②曾觉民：《云南自然森林分类系统及地理分布研究》，载《西南林业大学学报》，2018年第6期，第2页。

规律的举措，局部地区的森林资源急剧缩减，青峰化为赤壤，水土流失日益加剧。因而，如何促进林业资源的再生和可持续也就成了林业发展和林业建设必须解决的问题。为此，云南以林业组织为核心，广泛动员全社会积极开展造林运动。1950 年以后，云南林业机关带领各县区的林场，采用直播造林、飞播造林、植苗造林、分殖造林等方式，使用云南本土的云南松、华山松、马尾松以及外来的桉树等多种树种，进行有计划的造林运动。从 20 世纪 50 年代到 70 年代末，植树造林运动取得很好成效。这一时期，森林防火是林业建设的一项重要任务，把预防森林火灾作为头等大事来抓，不断推进森林防火法规建设。林业造林运动与防火行动有力保障了云南林业的基本盘，并促进了林业资源的更新，为国家林业建设和林业资源储备作出了贡献。

改革开放以来，森林法律、法规建设的必要性与紧迫性日益突出。改革开放初期，云南省森林覆盖率达到中华人民共和国成立以来的最低点，只有 22.57%。为扭转生态恶化的局面，云南先后开展了集体林权制度改革，启动实施了封山育林、退耕还林、天然林保护、防护林建设、农村能源建设、生物多样性保护、湿地保护等林业生态建设与保护工程，全面推进“森林云南”建设。特别是党的十八大以来，云南省委、省政府以“山水林田湖草是生命共同体”的观念来看待林业、发展林业，努力实践“绿水青山就是金山银山”的发展理念。主要采取两项措施：重点推进林业十大工程和实施九大行动。十大工程即城乡绿化、天然林保护、退耕还林、生物多样性保护、湿地保护与恢复、重点生态治理修复、森林经营、产业提质增效、林业科技创新、林业基础及信息化建设等工程；九大行动即绿水青山保卫行动、把云南建成中国最美丽省份林业行动、国土绿化及路域绿化美化行动、森林质量提升行动、生物多样性保护行动、深化林草改革行动、林业生态扶贫行动、金山银山林业行动、乡村振兴战略林业行动。

为了保护、培育和合理利用森林资源，云南省陆续出台、完善、修订一批地方性法规、规章、政策，切实把环境保护纳入法治化轨道，建立环境执法监督长效机制。《云南省环境保护条例》《云南森林条例》的颁布和施行，为云南森林建设提供了法律与制度保障。进入21世纪，云南林业由传统林业向现代林业转型。2010年，云南省委、省政府下发《关于加快林业发展建设森林云南的决定》，以建设“森林云南”为统领，多措并举，奋力创新，推动森林建设快速发展。2012年1月10日，云南省委、省政府在昆明举行森林云南建设推进大会，要求紧紧抓住国家和全省深入实施“两强一堡”的重大战略机遇，实施“绿水青山”计划，建西南绿色屏障、创兴林富民大业、扬七彩云南文化，努力把云南省建设成为生态系统更加完备、林业产业更加发达、森林文化更加繁荣、人与自然更加和谐的“森林云南”，为构建云南生物多样性宝库和西南生态安全屏障建设奠定坚实基础。2014年，云南省开展“森林城市”创建活动，推进“国家森林城市”建设。初步形成政府主导、部门协作、全民参与的环境保护机制，全社会关心、支持、参与生态建设和环境保护的“大环保”格局正在形成。①“十三五”期间，云南省林地面积增加到4.24亿亩，森林蓄积量增加到20.67亿立方米，森林覆盖率提高到65.04%。

①何宣、杨士吉、许太琴主编：《云南生态经济年鉴》，线装书局2011年版，第168页。

郁郁葱葱的森林植被（董继荣/摄）

安宁城市森林（张　彤/摄）

### （一）绿色奏鸣曲

云南省全境从南到北纵跨8个纬度带，加之多山的高原地貌，地形切割剧烈，北高南低的总体地势，水平带的基准面很难确定。即使在同一纬度带内，也因山体海拔高差形成不同的山地气候类型。同时，全省大部分地区受热带季风气候的影响，致使森林植被类型的垂直带性与热

带性形成全省森林分布上的交错、镶嵌现象，增加了森林水平地带性划分的复杂性。这种由纬度和海拔相结合所形成的植被水平地带被称为山原型水平地带。

云南森林植被的水平分布可划分为三个地带，即热带雨林季雨林地带、亚热带南部季风常绿阔叶林地带和亚热带北部半湿润常绿阔叶林地带。

热带雨林、季雨林地带分布于云南南部北纬 23° 30' 以南，至滇西南上升至北纬 25°，是云南省水热条件最优越的地域，以植物种类繁杂多样而著称，地带性代表植被是热带雨林和热带季雨林。云南热带雨林既有东南亚热带雨林的典型特征，又有热带式北缘雨林的特点。其类型又可分为湿润雨林和季节雨林。湿润雨林仅局限分布在河口、金平等海拔 500 米以下的河谷，以云南龙脑香、毛坡垒林为代表。全省分布较广的却是以千果榄仁、绒毛番龙眼林、望天树林等为标志的季节雨林。云

滔滔林海（伍　二/摄）

南的热带季雨林主要分布在海拔1000米以下宽广的河谷、盆地或保水性能较差的石灰岩山地，是在具有明显干季的热带季风气候条件下发育的相对稳定的森林植被类型，以阳性耐旱的热带树种为主组成，具有明显的季节变化特征。根据森林外貌，组成树种和结构特点，可分为半常绿季雨林、落叶季雨林和石灰山季雨林。

亚热带南部季风常绿阔叶林地带（暖热性常绿阔叶林地带）分布于云南中南部北纬23° 30'—25° 地区。暖热性常绿阔叶林是这一地域的地带性植被，分布海拔范围为1000—1500米，因地形局部气候的影响或下方的热带森林遭破坏，常可向下延伸至海拔800米。在热带山地的垂直带上可上升到海拔1800米。这一地带森林树冠层的外貌表现为浓郁的暗绿色，波状起伏。哀牢山以西地区受西南季风影响，以偏干的刺栲林为多，哀牢山以东地区，受东南暖湿季风影响，则以偏湿性的罗浮栲、截果石栎为优势。本地带的常绿阔叶林上层的伴生针叶树种为遭破坏后形成的次生针叶林，如哀牢山以西的思茅松林与哀牢山以东的云南松林，现都已形成大面积森林，在地域上很大程度已取代了原生的常绿阔叶林。

亚热带北部半湿润常绿阔叶林地带（暖温性常绿阔叶林地带）分布在以滇中高原为主的地区。地带性植被是半湿润常绿阔叶林，分布范围在海拔1500—2600米，与整个高原面的起伏高度基本一致，局部地区分布下限可至1500米，上限可到2800米。在森林类型上，滇中高原上以滇青冈林、元江栲林、高山栲林为多。滇东海拔2000—2600米迎东南季风山地，生境湿润而气候

放马溜溜的山上（苏金泉 / 摄）

温凉，则发育峨眉栲林、红木荷林等。特别是滇东北的自然环境条件独具一格，其地带性植被主要是栲类银木荷林，与云南高原的半湿润常绿阔叶林的特征显著不同。云南松林已成为在常绿阔叶林被砍伐后演替系列中的优势类型。成为这一地带分布面积最多的森林。①

除了森林植被的水平划分外，森林植被典型的垂直带性分布也是云南森林分布的显著特色。云南全省地势呈北高南低倾斜，以梯层形式逐层下降，具有复杂的多层次的切割高原特点。不同海拔高度与纬度间的水热条件差异，导致在一定的幅度范围内，有着不同的山地生物气候带，孕育着各有标志性的主要森林植被类型，构成森林垂直分布系列，形成各种不同类型的森林植被。具体是：

①云南省林业厅编：《云南森林资源》，云南科技出版社2018年版，第38—39页。

针叶林的森林植被亚型垂直分布：暖热性针叶林（800—1800米）—暖温性针叶林（1000—2800米）—温凉性针叶林（2600—3400米）—寒温性针叶林（3000—4100米）。

常绿阔叶林的森林植被亚型垂直分布：热带湿润雨林（500米以下）—热带季节雨林（800米以下）—热带季雨林（500—1000米）—热带山地雨林（800—1000米，山地逆温层高时可达1500米）—暖热性常绿阔叶林（1000—1500米）—暖温性常绿阔叶林（1500—2600米）—温凉性常绿阔叶林（1800—2800米）—山地苔藓常绿阔叶林（2000—2600米）—山顶苔藓矮林（云南中部以南山地2500米以上）。

其他阔叶林：黄背栎林、高山栎林等山地硬叶常绿阔叶林与白桦林、山杨林、麻栎林等落叶阔叶林，在云南都有较广泛的分布。山地硬叶常绿阔叶林分布在海拔2600—3300米范围，跨越了暖温性针叶林、温凉性针叶林、寒温性针叶林三个植被亚型的垂直带范围，是亚高山森林垂直带上的一个特有类型。落叶阔叶林大多分布在全省范围内的1000—3500米的山地，跨越多种森林植被亚型的垂直分布，而且多是在植被受破坏后的次生类型。无论在水平分布或垂直分布上都没有成带现象。

干热河谷植被：云南山地，一些河谷幽深狭窄，又处于山地的西南或东南季风的背风坡，因山地迎风面丢失的水分，至背风面下沉增温，因谷地气候的局部环流和焚风效应，形成的干热环境。按山原型水平带的理论，这些低于水平带基准面的稀树灌草丛干热河谷植被，是云南森林植被垂直带分布的又一特殊现象。①

①云南省林业厅编：《云南森林资源》，云南科技出版社2018年版，第44页。

亚洲象栖息地的热带雨林（彭　刚/摄）

普洱桫椤（郭　娜/摄）

苍翠高黎贡山（张　彤/摄）

### （二）森林交响乐

云南的森林建设和保护，较早起源于金沙江上游防护林建设。在相当长的一段历史时期，随着区域内过度垦殖与森林砍伐加剧，水土流失愈演愈烈，仅金沙江流域每年流入长江的泥沙就达2.6亿吨，涵蓄水源能力越来越弱，生态环境遭受严重破坏。1998年8月，党中央、国务院适时作出了“全面停止长江黄河流域上中游的天然林采伐”①的重大决策，靠采伐天然林维持生产生活时代的结束了，该决策成为我国林业发展的转折点。经过两年试点，2000年10月，国家正式启动了天然林资源保护工程，简称“天保工程”。其中一项重要工作为构建九大生态公益林重点保护体系，其中与云南省相关的为长江中上游保护体系与澜沧江、南盘江流域保护体系建设。天然林保护工程是建设林业生态文明的关键。保护天然林有利于保护林地自然资源，发挥生态环境效益，筑牢生态安全屏障。至2019年，云南省已全面停止天然林商业采伐，全省天然林商业性采伐产量调减为零，天然林得到有效保护。②天然林保护工程持续实施以来，成效显著。保护天然林3.6亿亩，营造生态公益林2454万亩。工程区森林资源消耗量年均减少688万立方米，森林覆盖率年均增加1.04个百分点，在云岭大地上筑起了一道道天然的绿色屏障。

长江上游金沙江流经云南区域，山地面积广，水资源丰富，开发潜力很大，林木生长率高于全国平均水平。云南境内金沙江流域面积达11万平方千米，约占全省总面积的29%。云南省着眼西南生态安全屏障和生物多样性宝库建设，坚持不懈地推进长江上游防护林体系建设，

①《中共中央、国务院关于灾后重建、整治江湖、兴修水利的若干意见》。
②《2019年云南省环境状况公报》，云南省生态环境厅网，第23—24页。

先后实施防护林、天然林保护及退耕还林等重点生态工程，采取人工造林、封山育林、退耕还林、保护重要湿地、建立流域林业生态补偿机制等有效措施，构筑起保护长江上游的绿色长城。

为持续巩固并推进天然林保护工程，云南编制了《云南省生态文明建设林业行动计划（2013—2020 年）》，明确目标，制定举措，着力加快推进“森林云南”建设。《云南林业发展“十三五”规划》明确了七大任务和十大重点工程，至 2019 年森林覆盖率、森林蓄积量、自然湿地面积等指标均超额完成。在深入推进天然林保护国家重点生态工程的同时，还启动实施了低效林改造、陡坡地生态治理等一系列具有云南

担当力卡山脉的森林植被（曹津永 / 摄）

特色的生态建设工程。工程实施以来，生态环境显著改善。实现“一减三增”的成果，即：森林资源消耗量减少，有林地面积增加、森林覆盖率增加、森林蓄积量增加。天然林保护工程获得了明显的生态效益，有效恢复了森林植被，控制住了水土流失，增加了生物多样性，改善了生态环境质量，为云南及长江中下游地区的生态安全奠定了重要的生态屏障。

## 丽江市石鼓镇村民积极参与防护林建设

早在20世纪五六十年代，村民们为了保护农田，就开始在江边垒起江堤、种植柳树。在当地村民和朝明的记忆中，村里一直有种柳的传统，他们孩童时期就曾跟着大人在江边种过柳苗，但当时只是觉得好玩，并不知道种柳的意义。直到1998年的那场洪水——“田都被淹了，家里收入也断了，当时我和哥哥在县城读书，父母连学费都拿不出来，到处借钱”。那段穷困窘迫的经历，让和朝明理解了老一辈种柳人的良苦用心，也让他在回到家乡石鼓镇工作后，毅然挑起了种柳的担子。2012年，他组织林业系统的党员在金沙江边试种了100余株柳苗，成活率不错。次年，他开始号召党员干部、护林员、村民、学生等在金沙江边大规模种植柳树。“本职护林防火，业余江边种柳，都是跟树打交道，都是保护环境”。种柳在春天，准备工作却要在冬天就做好。为了节约成本，每年1月份左右，和朝明会从村里的老树上砍下柳苗，泡到江水里，使其充分吸收水分，长出根系。种柳当天，和朝明把泡好的柳苗从江水里拖到岸上江边种植，需要大量的人工，每次只要和朝明一招呼，农闲的村民们基本都会来，“种柳是义务的，没有工钱，但乡亲们都很积极！因为柳树种下去，保护的是大家的农田，美化的是大家的环境”。但是旱季风沙大，雨季又常涨水，风一刮、水一冲，很容易就把柳苗带走。刚开始种柳的那几年柳树成活率很低，尤其是2014年，好几千株都没能活下来，让他又是气馁又是心疼。和朝明据自己多年在江边种柳的经验，总结出了一套行之有效的方法——坑至少要挖1米深，行距要在3米左右。不仅自己严格执行，他也以此严格要求乡亲们。好在几年坚持下来，情况逐渐好转，“前几年种下的柳苗长起来，起到了一定的防风挡水作用，后面种的柳苗成活率自然就提高了”。从老一辈手里接过种柳任务的和朝明，也在有意识地向下一代传递“接力棒”。近年来，每次种植柳树，和朝明都尽量把上小学的女儿带在身边，他也多次联系附近的学校，邀请学生们一起参与种树。“让孩子们从小就

铜锣坝国家森林公园（柴峻峰/摄）

有环保的意识，知道要保护好金沙江，要守护好这片来之不易的柳林。”

据统计，截至目前，金沙江流经玉龙县境内的巨甸镇、石鼓镇、龙蟠乡等9个乡镇，沿江一共种植有柳树310.8万棵，占地面积达11.66万亩。郁郁葱葱的柳林，不仅实现了老一辈种柳人保护良田的朴素愿望，也为金沙江增添了一抹美丽的绿色。长江第一湾即在石鼓镇，与“江流到此成逆转，奔入中原壮大观”同样令人惊叹的，是江边绵延数百里的柳林，它们如同一条绿色的飘带，与江水相映成趣。丽江人民用自己的辛勤汗水逆转了金沙江流域生态环境恶化的趋势，而动员人民群众参与森林建设正是云南生态保卫战取得胜利的重要经验。

退耕还林后的果园（胡艳辉/摄）

天然林保护和退耕还林两项工程同步推进，互为表里。1998 年 9 月 19 日，云南省政府召开金沙江流域天然林保护工作会议，明确指出 1994 年以来开垦的林地必须在 2000 年前全部退耕还林，1994 年以前开垦的凡坡度在 25° 以上的山地必须全部还林。[①] 2000 年 10 月 1 日起金沙江流域天然林采伐全面停止。严格禁止新的毁林开荒，有重点、有计划地做好退耕还林工作。[②] 通过实施防护林工程、实行退耕还林和停止采伐政策等措施，大江大河上游森林生态建设成效显著。

总的来看，云南退耕还林工程实施经历了试点、全面启动、成果巩固三个阶段。试点阶段（2000—2001 年）：在以金沙江流域为主的东川、寻甸、彝良、会泽、元谋、鹤庆、古城、玉龙、兰坪和香格里拉等 10 县（市、区）开展退耕还林试点工作；全面启动阶段（2002—2003 年）：经过两年的试点探索，积累和总结了经验，2002 年省政府决定退耕还林工程在全省全面启动；巩固成果阶段（2004—2008 年）：2004 年，国家对退耕还林进行了结构性调整，退耕还林任务大幅度减少，2007 年，国家暂停了退耕还林任务，只下达荒山荒地造林和封山育林任务，由原来大规模推进转移到巩固成果上来。为巩固退耕还林工程项目建设成果，2008 年，国家批复了《云南省巩固退耕还林成果专项规划》，设立专项资金，基本涵盖了退耕农户进行退耕还林成果巩固。

---

①中共云南省委党史研究室、云南省档案馆编：《云南五十年——中共云南省社会主义时期大事记》，人民日报出版社 1999 年版，第324页。
②当代云南编辑部编：《当代云南大事纪要（1949—2006）》（增订本），当代中国出版社2007年版，第654—655页。

抚仙湖退耕还林前后对比（曾永洪／摄）

退耕还林工程作为改善生态、增加农民收入的重要方针，是集生态与经济效益于一身的重大决策。据统计，在开展退耕还林工程之前，全省沙化面积已达 8 万多平方千米，水土流失面积 14.6 万平方千米，占全省总面积的 37%。金沙江流域水土流失面积达 4.7 万平方千米，占流域面积的 43%，年输沙量达 2.6 亿吨。生态环境日趋恶化不仅严重威胁着山区群众的生存与发展，也不断侵蚀着建设云南绿色经济强省的基础。实施退耕还林势在必行，这不仅符合人民日益增长和多样化的农产品需求，而且也是保证云南省国民经济持续稳步发展的需要。自启动退耕还林工程以来，水土流失面积大幅度下降，森林资源快速增加，工程区内生态恶化的趋势总体得到了遏制，生态状况明显改善。退耕还林的开展，改变了退耕区长期以来广种薄收的传统种植习惯，有效调整了不合理的土地利用结构。使以种植业为主的农业生产向林果种植业、畜牧业以及二、三产业过渡，促进了农村产业结构的合理调整。退耕还林还促进了大量的资金和先进技术流向山区，提高了农业产业化经营水平和土地产出。另外，退耕区群众将退耕还林工程看成是德政工程、民心工程，一定程度上缓解了云南省贫困山区退耕农户的贫困问题，加快了脱贫致富步伐。

云南实施退耕还林 20 年来，森林覆盖率不断提升。退耕还林的实施，为云南“争当全国生态文明建设排头兵”“建设中国最美丽省份”发挥出积极作用。2015 年，为统筹组织实施好云南省新一轮退耕还林还草工程，根据国家发改委、财政部、国家林业局、农业部、国土资源部联合下发的《新一轮退耕还林还草总体方案》要求，云南省结合实际，在深入调研和广泛征求各部门意见的基础上，经省人民政府批准后，出台了《云南省新一轮退耕还林还草实施方案》，为云南省统筹实施好退耕还林还草工程提供了政策依据，进一步规范了退耕还林还草工程管理，确保了云南省新一轮退耕还林还草工程高效有序开展。

在退耕还林的基础上进行生态林业建设，使得云南省森林资源面积、蓄积量呈持续稳步增长态势，森林资源质量逐年提高，森林生态服务功能逐步加强。截至 2019 年，云南省森林资源数量持续增加，质量不断提高，森林面积达 2392.65 万公顷，森林覆盖率 62.4%，高出全国平均水平 33 个百分点；云南森林蓄积量达到 20.2 亿立方米，在全国各省（区、市）中处于前列。把生态建设放在林业工作的首位，大力推进天然林保护、退耕还林、防护林体系建设、石漠化治理、农村能源建设重点工程和生态效益补偿制度，在各方面均取得显著成效。[①]积极争取中央投入，启动实施了低效林改造、陡坡地生态治理、农村能源建设等具有云南特色的生态建设工程，林业生态总体持续改善，局部地区生态恶化的趋势得到有效遏制。

### 传统与现代结合的森林资源保护模式

巴珠村是云南省迪庆藏族自治州维西傈僳族自治县塔城镇的一个行政村（村委会），共有 21 个村民小组 278 户 1377 人。村辖面积约 88 平方千米，森林覆盖率达到惊人的 98.2%。从整体来看，其经济社会发展大抵处于塔城全镇的中等偏上水平。

巴珠村最有特色的文化之一，是巴珠的生态文化。在巴珠村与其宗村的交界处，能很明显地看出一条交界线，其宗村的一侧是点点新绿的次生林，而巴珠村的一侧都是翠绿一片的原始森林。进入巴珠村地界，多是茂

①中共云南省委宣传部编：《生态文明排头兵建设》，人民出版社、云南人民出版社2017年版，第181页。

密的原始森林，参天大树随处可见，生态环境优越，生物多样性异常丰富。巴珠森林得以很好保护的首要原因是藏传佛教信仰的影响。首先，在藏传佛教的影响下，巴珠村民把花草树木都当成与人平等的生命，因此不能随意砍伐。巴珠村的神山信仰也很浓郁。画于山上象征人神之间界限的封山线以上，被认为是神的范畴，人是基本不能涉足的，更不要说是砍树了。另外，基于浓厚的神山信仰，巴珠村每年的雨季从6月份到10月份，是绝对禁止砍树的，人们上山都不准带斧头。

**森林深处的巴珠村（曹津永/摄）**

同时，巴珠村具有良好的结合了传统宗教思想和现代管理方式的生态文化体系。具体来说，方法有如下几点：

用木瓜代替庄稼地传统的木板围栏。20世纪80年代开始，木瓜仅作为一种新的水果品种引进到巴珠村，当时只是当作一种经济果木而已，后来逐渐有人把木瓜种在地边田埂，因为木瓜易于管理而且长满刺又不像乔木一样高大，种在地边的木瓜形成了一道天然的围栏，牲畜无法穿过。后来，当人们逐渐认识到这点以后，便主动在田边地埂上种上木瓜，至2009年，已经全部形成了生态围栏，完全取代了过去的木板栅栏。

用乡规民约对非法采伐采取直接的处罚措施。巴珠村有每年大年初一烧一棵新柴的习俗，寓意着新年新气象。因此，巴珠村规定，每户每年只允许砍伐一棵树（建房等由乡林业站和县林业局审批的除外），而这棵树，绝大部分都是已经枯死的干树。对于多砍伐的，根据树的大小，给予5—60元不等的罚款。

建立多层次的管理系统。首先是塔城镇林业站有专门的护林员，巴珠村也选出一名男性护林员，负责护林政策的宣讲、每年枯死树木的分配以及信息通报等工作，上下衔接。其次是妇女小组。巴珠村的护林工作绝大部分是由每个村小组的妇女小组承担。妇女小组的主要工作：其一是发现采伐树木的，对其进行罚款处理，罚没款由妇女小组自由支配；其二则是防止外村人来盗伐树木。从地理环境来看，巴珠村处于周围环山、一面通公路的环境，由于周围都是高山，离公路很远也没有正规的路上山去，基本无法运树下山，而巴珠的村小组较为分散，在公路两边不远处都有村寨分布，即便盗伐时没被发现，运输时公路经过村小组的周边，也一定会被发现。

在护林防火方面，巴珠村以农业普查标准将全村分为4个大的片区9

个小片区，实行护林防火责任承包制，分片包干责任。从1997年开始，哪一个片区发生森林火灾，或护林不力，造成损失的，就取消办理正常用林木的采伐证。目前，则与国家日益增多的惠民政策紧密挂钩。

在有规模较大的宗教佛事活动时，宣传护林、保护生态、保护水源、保护神山等内容是必须的一个项目。巴珠村的宗教人员与现实生活紧密相连，非常关心村民的日常生活，关心教育，想办法帮助巴珠人谋发展谋出路，因此，在生态保护等问题上，自然是尽力宣传的。

巴珠村对妇女小组采取多标准多体系的评优工作。每年年底，全村的党员、妇女小组长、各村小组长以及会计等均参加投票评选。调动了全村妇女的积极性，让她们作为主角参与到全村的各项社会事务中来，变成巴珠团结和发展的力量。当然，这其中最重要的几项考评，都是与生态环境的保护密切关联的。

**普洱林湖一体（张　彤/摄）**

怒江畔雾里村（曹津永/摄）

极力推进新能源和替代能源建设，逐渐减少对柴薪的利用。这主要包括沼气池的建设、太阳能热水器的建设、节柴灶的改进、太阳能灶和节柴炉的装配。为了能让太阳能、沼气、太阳灶等新能源设备都能持续地发挥作用，巴珠村还成立了新能源服务队。服务队采取协会的形式，解决了全村新能源利用的后顾之忧。

森林云南建设是云南林业建设的新发展阶段。为切实推进生态环境建设以提升城乡人居环境水平、加快林业发展，云南省于2009年12月31日出台《关于加快林业发展建设森林云南的决定》，启动实施“森林云南”建设工程。结合云南林业资源丰富的优势，为充分发挥林业在云南经济社会发展、生态文明建设中的重要作用，加快实现从林业资源大省向林业经济强省的跨越，进一步塑造良好的生态文明形象，

碧罗雪山南妞洛（和晓燕 / 摄）

以“森林云南”建设工程统筹云南林业建设，围绕“兴林富民”的目标，以深化集体林权制度改革为动力，以建设完备的森林生态体系、发达的森林产业体系、繁荣的森林文化体系为重点，提升森林三大效益，创新体制机制，强化科技支撑，加大政策支持，提升全省森林生态效益、经济效益和社会效益。经过不懈努力，云南已具备了建设绿色经济的良好环境基础。不仅林业改革发展成绩突出，还在诸多方面探索积累了许多可学可鉴的好经验、好做法。

## 森林建设因地制宜的怒江模式

根据省环保厅在《云南省2009年环境状况公报（自然生态）》中对全省16个州（市）的生态环境状况进行评价，怒江州生态环境状况指数以93.39分位列全省第一位。无论从自治州层面还是从全省、全国层面评估，怒江州的生态区位之重要，生物种类之丰富，生物区系之关键，战略地位之特殊，都是毋庸置疑的。它是亚洲“水塔”的重要区域，是世界物种和遗传基因宝库之一，也是我国重要的碳库之一，是外来有害物种、疫病的天然阻隔屏障。从地理地势上来看，怒江州位于横断山脉纵谷地带，州内地势北高南低，南北走向的担当力卡山、独龙江、高黎贡山、怒江、碧罗雪山、澜沧江、云岭山脉依次纵列，是闻名于世的高山深切割峡谷地貌。因而，立体气候非常明显，生物分布以及植被的垂直特征明显。

在生态建设的实践中，怒江州根据立体气候明显、森林分布垂直差异较大的特点，积极探索有效措施，首创了“怒江开发与保护立体建设”模式，把生态建设和保护的对象区分为不同的三个类型，即山顶生态完好区、半山生态脆弱区、河谷生态恶化区。针对不同的区域，采用不同的策略，山

大山守护人——杨善洲（杨江勇/摄）

顶封和禁，半山移和退，河谷建和育，进行生态修复。总体上来看，以三江并流世界自然遗产、高黎贡山国家级自然保护区和省级自然保护区为保护对象，以天然林保护工程和退耕还林为主要手段，以集中治理水土流失、泥石流和滑坡等地质灾害为重点，以修复生态系统、提高生态系统服务功能为目标，改善流域内的生态环境，着力推进怒江和澜沧江流域立体生态建设。

云南坚持绿色惠民，使生态、经济、社会效益有机结合，让绿水青山变为金山银山，让老百姓共享生态红利；坚持固本强基，强化宣传发动，实施科技兴林、人才强林、基础固林战略，全面提升林业持续发展能力，全面提升林业发展的基础保障能力。[①]

云南在70多年的森林建设经验中，涌现出以杨善洲为代表的无数可歌可泣的感人事迹，汇聚成森林云南建设的伟大精神，谱写了新时代云南生态文明建设的动人乐章。弘扬杨善洲精神，坚守生态环境保护底线，将森林建设与党的建设进行有机融合，是森林云南建设实践中积累出的宝贵经验。

---

①岳太青、章升东、张建辉、张坤、段经华、陈昱：《践行“两山”理论建设森林云南争当生态文明建设排头兵——赴云南省考察调研报告》，载《国家林业局管理干部学院学报》，2017年第3期，第5—7页。

## 四 青山如画

云南的巍巍青山和红土高原是世界花园最直观的组成部分。云南的高山壮美无比，不仅是遗世独立的圣境，还是生命繁衍的乐土。

一江中分两山开（张 彤/摄）

### （一）遗世独立的圣境

20世纪30年代，一部名为《消失的地平线》的小说在西方世界引起了轰动，作者詹姆斯·希尔顿描写了一个名叫香格里拉的秘境，《不列颠文学家辞典》称此书的功绩之一是为英语词汇创造了“Shangri-La”（香格里拉，即世外桃源）一词。书中的香格里拉，有神圣的雪山、幽深的峡谷、飞舞的瀑布，被森林环绕的宁静的湖泊，徜徉在美丽草原上的成群的牛羊，净如明镜的天空，金碧辉煌的庙宇，这些都有着让人窒息的美丽。纯洁、好客的人们热情欢迎着远道而来的客人。这里是宗教的圣土、人间的天堂。在这里，太阳和月亮就停泊在你心中。这就是传说中的香格里拉。香格里拉有许多神秘、奇妙的事情。最令人惊奇的是，这里的居民都十分长寿，许多都超过了百岁并显得很年轻。长期修行藏传密宗瑜伽的最高喇嘛有250多岁，理政香格里拉已100多年。然而，香格里拉的居民如果离开了山谷，便会失去他们的年轻。

尽管《消失的地平线》是一部虚构的小说，香格里拉也成为驰名的商业品牌，同时它也反映了人们对美好生活的向往、对美与和谐的永恒追求。而关于香格里拉究竟位于何处，仍然是充满好奇心的探险家、地理学家、人类学家和旅游爱好者醉心寻求的“不真实”的真实。

经过多方论证，云南迪庆州雄伟神奇的雪山、浓郁的藏传佛教文化与和谐之美，似乎都与《消失的地平线》一书中所说的香格里拉极为相似。当地政府为了推进地方经济发展，展示迪庆州秀美山川和深厚的文化底蕴，也积极争取香格里拉这一文化品牌。2001年，迪庆州中甸县更名为香格里拉县。

中国的西南边疆是一块美丽、神奇、富饶的土地。这里有堪称世界屋脊的青藏高原，珠穆朗玛峰巍然挺立，险峻多变的地形与严酷的气候

雨崩圣境（李映怀/摄）

以及长期高寒缺氧的恶劣生存环境使居住在那里的藏族、门巴族、珞巴族等自古以来就形成了万物有灵的宗教观念，产生了对神山的崇拜和与大自然和谐共处的朦胧意识。他们认为动植物都是有生命力的，因此绝不可以乱砍滥伐。老一辈告诫青年人如果砍了不该砍的树，打了不该打的鸟，就会得到报应；反之，如果保护了动植物，就是救了一条生命。这种原生态伦理观念在青藏高原的民族中代代相传，与佛教结合，逐渐形成了以神山崇拜为核心的生态保护文化。

云南省的很多少数民族都有将聚居地或者村寨周围某些区域（山、树林）视为禁地，然后通过一系列详细而严格的禁忌来进行管理和保护的传统，如彝族、傣族、基诺族等。这些禁地建立以后，在传统文化的庇佑下，部分地区的生态得以可持续发展，在长期的发展进程中，逐渐形成了一种特别的自然人文景观。在藏传佛教盛行之处，但凡是风景异常秀丽的山水风光，大多被称为“圣境”，比如说神山、圣湖等。神山由于承载着当地特殊的少数民族的文化内涵和独特的文化地位，因而被少数民族传统文化着重保护。村民们都表示大自然的物体是有灵魂的，要尊重、爱护大自然。对神山以及山神的崇拜，当地人有着具体的禁忌和祭祀活动。比如村民们表示，所有人都被禁止在神山上砍伐、挖掘以及打猎，甚至在神山上呼喊、吵闹都是禁止的。当地村民们的祭祀活动也是多种多样的，包括放风马、转神山、插彩箭、诵经、磕长头等等。藏传佛教具有的这一系列宗教活动和宗教规章，都在千百年的历史中系统而被有效地执行着，而这正是藏族人日常生活的重要部分，崇拜神山森林这一传统是云南山地民族文化的重要组成部分，因为当地的人们相信森林是神灵的化身，是当地庄严肃穆无法亵渎的存在。生活在森林中的动植物都象征着神灵的使者，所以当地村民引以为荣的责任和

秘境深处有人家（李映怀/摄）

义务是义不容辞保护好这些动植物。[1]

自然圣境文化景观分布于云南诸多雪山之间。神山圣境文化及其保留的独特之美首推滇西北的梅里雪山区域。梅里雪山主峰卡瓦格博峰海拔6740米，是云南第一高峰，也是藏族人民心目中的神山。由于地处亚欧板块和印度板块的交接处，来自印度洋的冷空气在这里受到阻拦，以及高海拔的影响，形成了各种各样的云层，云的形状变化多姿、色彩各异。博大神秘的自然环境和变幻莫测的地理气候尤其是神奇美丽的卡瓦格博雪峰，给藏族人创作神山形象提供了无限的遐想空间。因此，他们首先将卡瓦格博神山描绘成一位英俊威武的将军，身材魁梧、肤色白净、手持长剑、坐骑白马、腾云驾雾、战无不胜。这一形象既有壁画又有塑像，并以各种形式供奉在许多藏族居民的神堂和卡瓦格博神山转经路上的各个圣殿内。从空间上看，卡瓦格博神山又不是一个完全独立的王国，他被纳入藏传佛教八大神山之内。故在祭祀卡瓦格博神山的同时，也不能忘记附带要对其他大神山进行祭祀。在广袤的青藏高原，藏族居民通过神山系统将不同的地理环境纳入一个统一的地域范畴，并在各地区之间建立联系网，共同祭奉众多的神山。在这种地理概念或神山系统的统一下，便形成了每年有不少藏族群众从西藏、青海和四川等地千里迢迢来朝拜卡瓦格博神山的壮举。

在藏传佛教中，卡瓦格博神山是八大护法神山之一，他有妻儿眷属，这些成员均依附在卡瓦格博神山左右的诸雪峰中。如爱妻缅茨姆峰位于卡瓦格博峰南侧，线条优美、亭亭玉立，在诸雪峰中具有女性的形体特征。对此有不少传说，说卡瓦格博神山随格萨尔王远征恶罗海国时，恶

①张默实等：《迪庆藏族自治州神山传统文化和生物资源保护研究》，载《中央民族大学学报》（自然科学版），2019年第3期。

罗海国想蒙蔽他们，将缅茨姆假意许配给卡瓦格博，不料卡瓦格博与缅茨姆互相倾心，永不分离。又有传说说缅茨姆为丽江玉龙雪山之女，虽为卡瓦格博之妻，却心念家乡，面向家乡。该雪峰总有云雾缭绕，人们称其为缅茨姆含羞而罩的面纱。卡瓦格博峰右侧的雪峰为神山王子，名叫布琼松阶吾学峰。其他有杰瓦仁安峰，意为五佛峰；玛奔扎拉旺堆峰，意为降魔战神大将，此雪峰是卡瓦格博神山的东北守护神措瑰腊卡峰，意为圆湖上峰。这些主要反映了卡瓦格博神山具有的世俗性的一面，如卡瓦格博神山是一位庄严威武的国王，而且其周围簇拥着王后、王子、大臣等亲属部下臣民。以卡瓦格博为主峰的山脉，俨然是一大神山家族。

藏族居民按照自己的神山崇拜的思想观念，给至高无上的神山在大自然中划定专门的地界，成为自然环境中最神圣的区域，也是人类不可随意侵扰的圣洁之地。以卡瓦格博神山为例，其内转经和外转经路线，则是神山地域的界标，其中外转经路线是神山的整个疆界，而内转经路线则是其中的核心地区。

藏族居民一旦建构了神山领地概念之后，其境内的所有动植物，甚

巍巍玉龙（杨　峥/摄）

至河流、湖泊和岩石等一切景物都被赋予一种神圣性，与其他环境中的一草一木之间有着天壤之别的差异。境内的一切飞禽走兽皆为神山的家畜，人们捕杀这些野生动物，等于直接侵害了神山本身，无疑会遭到神山的加倍惩罚，可能会发生天灾人祸等灾难。因此，藏族居民严于律己，忌讳在神山领地砍伐树木，捕杀动物。甚至在神山领地破土建造圣殿或庙宇，也要向神山祭祀，请求饶恕。卡瓦格博神山脚下的藏族居民作为神山的子民，为了生存的需求不得不在神山脚下耕地、建房以及上山放牧，还要不时地在边缘地区砍伐树木、上山采药，甚至个别人打猎，使神山领地成为自己的生活家园，共享神山领域提供的各种自然资源。尽管如此，当地的藏族居民格外敬畏神山，他们在一般情况下不敢侵扰神山领地，更不用说在神山核心地区伐木打猎，只有采药和洗药泉或温泉等与大众健康有关的活动，在神山领地不受严格限制，相对自由，在卡瓦格博神山领域中产生不少能够医治各种疾病的温泉或药泉，慕名前来治疗的病人络绎不绝。①

神山被赋予深刻的文化和生态环境内涵，最终形成了极具特色的少数民族生态环境保护体系。香格里拉大峡谷独特的神山文化对藏族神山地区的生态环境、生物多样性的保护与发展作用重大。由于广大原住民的支持、认同和参与保护神山的生态环境，从而构成了一套从村社—地方—区域“自下而上”的保护体系，对现有的自然保护区体系进行了有力地补充，也对如何将自然环境保护和管理与传统文化结合提供了很好的范例。我们可以看出藏民对神山的管理并不单单是粗暴的封闭保护，而是保护的同时加以利用，不是靠盲目崇拜或者一些强制条约来约

①尕藏加：《论迪庆藏区的神山崇拜与生态环境》，载《中国藏学》，2005年第4期。

束大家，让神山成为虚无缥缈、无法触碰的存在，而是每一个藏民都不仅能切身感受到参与保护神山的重要文化传统意义，还能运用科学的技术手段来获得神山的丰富资源，从而得到实在的经济物质回报，所以藏民参与保护的积极性被大大激发，这对保护行为的有效性和延续性十分有利。

高黎贡山横河的傈僳族至今还有人保留着信奉树神、猎神和山神的观念，为了向自然索取和祈求平安，族人逢年过节要去供奉主管一切山林事务的神。事实证明，这种敬畏自然，不敢肆意破坏山林生态以免得罪各路神灵的思想和行为，在一定程度上约束着傈僳族与森林的关系，而且融入傈僳族传统的乡规民约之中，至今仍影响着他们对山林的管理，当然也促进了高黎贡山生物多样性的保护。以神山崇拜为核心的生态保护观念在云南高黎贡山的独龙族等民族中也同样存在。滇西北怒江、澜沧江、金沙江三江并流的峡谷中世居着独龙族、傈僳族等 14 个少数民族，冰雪和群山把这些民族与外世隔绝，使他们在历史上长期过着刀耕火种和狩猎采集的生活。世世代代与大山、森林及各种动植物共同生活、相互依存，形成了他们对大自然的崇拜及对灵魂的信仰，成为云南省乡土保护体系中的重要一环。

### （二）生命繁衍的乐土

云南的诸多高山，是生命繁衍的乐土，是动植物生存的乐土，还是生物多样性保护的主要场域。横断山脉、高黎贡山等是最为典型的代表。

高黎贡山位于云南西部，北起西藏高原，南达中印半岛的缅甸境内，全长约 600 千米，跨越 5 个纬度，地势北高南低，高差达 3000 余米。由于这种独特的自然条件使高黎贡山成为野生动植物南北过渡的走廊，是中国生物多样性最丰富的地区之一。位于高黎贡山中上部的高黎贡山国家级自然保护区由北片、中片、南片等互不相连的 3 片组成，与保护区接壤的有 19 个乡镇的 109 个行政村，约 21.36 万人。高黎贡山山脉跨越五个纬度带，是地球上迄今唯一保存有大片由湿润热带森林到温带森林过渡的地区，是世界上极其珍贵也极其稀有的生物多样性十分突出的地区。保护区的植被为暖温带针阔混交林，北起泸水市南部，南迄腾冲、保山南部，呈狭长状，面积约 1234 平方千米。因地势高峻，又处于西南季风的迎风部位，故降水量大，森林生长茂密高大。一般谷

通向天际的高黎贡山（刘建华 / 摄）

底为干热河谷型植被，中部为阔叶林，海拔在3000—3500米的山顶为针阔混交或冷杉、铁杉纯林。主要保护植物有垂枝香柏等。高黎贡山山顶终年云雾缭绕、寒气逼人，山腰夏无酷暑、冬无严寒，山脚的怒江河谷一年四季烈日炎炎。随着气候的改变，植被和生态也随之改变。在高黎贡山自然保护区这块面积仅12万公顷的土地上，已有记载的高等植物4600多种，其种类占全国高等植物种类的17%。有500多种高等植物为高黎贡山地区的特有种和珍稀种，其中70多种高等植物为国家级和省级珍稀保护植物。这里还是山茶、木兰、兰花、龙胆、报春、绿绒蒿、百合、杜鹃等“云南八大名花”的故乡。保护区内的一株世界杜鹃王——大树杜鹃，胸径2.1米，每年开花4万多朵，以其鲜艳而硕大无比的花朵和磅礴的气势独领风骚。

高黎贡山是中国国家级自然保护区、世界生物圈保护区、三江并流世界自然遗产的重要组成部分，是具有国际意义的陆地生物多样性关键地区、具有国际重要意义的A级保护区。高黎贡山素有“世界物种基因库”“世界自然博物馆”“生命的避难所”“野生动物的乐园”“哺乳类动物祖先的发源地”“东亚植物区系的摇篮”“人类的双面书架”的美称。北南延伸的横断山脉，动物学家把它称为“南北动物区的走廊”，被誉为“哺乳动物祖先分化”的发源地。保护区内生活着各种野生动物，有兽类154种，鸟类419种，两栖动物21种，爬行型类动物56种，鱼类49种，昆虫1690种，其中国家一级保护动物18种、国家二级保护动物49种，省级重点保护动物5种，如孟加拉虎、羚牛、白眉长臂猿、白尾梢虹雉、小熊猫等。

高黎贡山是云南省生物多样性最为富集的山脉之一，在省委、省政府的统一部署下，高黎贡山很早就着手开展生物多样性保护。高黎贡山

星鸦（王石宝/摄）

早在1958年就规划为自然保护区，后因种种原因未落实。1962年开始把中下部划为村社集体林，把中上部森林划为国有林，并设置林管所等机构进行保护管理。1980年开始踏勘规划设计拟建自然保护区，1981年云南省森林资源勘察四大队进行调查规划设计，1983年经云南省人民政府批准建立自然保护区，1984年相继组建成立了保山、腾冲、泸水三个管理所及林区公安派出所。1986年经国务院批准列为首批国家级自然保护区。1994年林业部批准实施第一期总体规划，保山市、怒江州分别成立了保山管理局和怒江管理局，分别指导和协调辖区内的管理所及其他业务工作，1995年保山管理局与中科院昆明植物所、云南省林科院在美国麦克阿瑟基金和云南省科委的资助下，在保山市芒宽乡百花岭实施了“高黎贡山森林资源管理与生物多样性保护”项目，并指导成立了中国第一个农民保护协会——高黎贡山农民生物多样性保护协会。1996年在林业部、省林业厅的支持下，争取实施了由荷兰政府资助的中荷合作森林保护与社区发展项目，这些国际合作项目的开展，对保护区的社区发展工作、机构能力建设、人员素质培训提高起到了极大的推动作用，特别与周边的34个村庄建立了森林共管委员会，探索社区参与和共管的新机制。怒江州省级自然保护区1986年经云南省人民政府批准建立，并相继成立了贡山、福贡管理所，2000年4月经国务院批准，怒江州省级自然保护区并入高黎贡山国家级自然保护区。

在西双版纳的山林中，当地村民积极保护的“竜林”，不仅兼具了气候调节、村庄美化的生态价值，而且也是生物多样性集聚的宝库。神山森林传统文化的影响。使得这些寨神林、勐神林处于人为的严格保护之中，其热带季节性雨林群落与其生物、非生物环境的物质及能量交换达到一种稳定的动态平衡。以海拔670米、面积约为53公顷的大勐仑

热带雨林中的小主人（彭　刚/摄）

小街乡“寨神林”为例，该片森林为热带季节性雨林，由311种植物组成，分属108科266属，其中维管束植物283种。森林群落结构分为乔木、灌木和草本幼苗三层，其中20%—30%为落叶、半落叶性植物。中国科学院云南热带植物所曾在此林地完成群落生态学的研究工作，指出该林地一年中由森林归还土壤的干物质总量为12.83吨公顷，其中叶6.0吨公顷，花果1.2吨公顷，树枝、树皮1.2吨公顷。“竜林”还产生一种片断雨林的“岛屿效应”，不但是残存下来的珍贵的原生森林和种质资源，而且在研究生物多样性保护和当地的原始植被和植物区系上具有重要的意义。西双版纳勐仑附近的城子“龙山”，是傣族村寨靠神山森林传统保护下来的一片森林，这片“竜林”具有与原始热带雨林最接近的群落结构及植物丰富度。①

20世纪70年代初，云南积极响应中央关于工业污染的“三废”治理和回收利用的号召，成立专门的“三废”治理机构，严格督促引导新旧工矿企业做到“三废”的综合利用，取得了显著成效。改革开放以来，随着工业化、城镇化的快速发展、处理发展与保护关系中出现的偏差、监管力度不到位等因素的叠加，局部地区和局部领域环境污染的问题日益凸显。云南加大污染治理力度，建立污染限期治理、污染达标排放等环境管理制度体系，出台若干有针对性的政策法规，重点工业污染、重点流域污染、九大高原湖泊治理力度不断加大。党的十八大以来，为全面加强生态环境保护与治理工作，维护好世界花园的根基——山水之美，云南努力贯彻习近平生态文明思想，全面实施清水、净土、蓝天、国土绿化和城乡人居环境提升行动。深入实施大气、水、土壤污染防治

①杨玉、赵德光：《试论神山森林文化对生态资源的保护作用——以西南边疆民族为中心》，载《中央民族大学学报》，2004年第4期。

行动计划和工业污染全面达标排放计划，强化重金属污染防治，防控和整治农业面源污染，推动建立跨省、跨境环境保护协作机制。加强公共治污设施建设。强化生态系统保护修复，建立健全生态环境常态化曝光、处理、问责机制，严守生态保护红线、永久基本农田红线和城镇开发边界“三条控制线”。[①] 构建和完善生态环境质量目标体系。云南牢固树立“绿水青山就是金山银山”“保护生态环境就是保护生产力”“改善生态环境就是发展生产力”的理念，通过全面深入开展大气、水、土壤污染防治行动，着力开展生态系统保护和修复工程，全力打好蓝天、碧水、净土“三大保卫战”和“八个标志性战役”，云南生态文明排头兵建设取得显著成效，进一步夯实了世界花园的山水之美。

①《2019年云南省人民政府工作报告》，云南省人民政府网。

# 第二章 生物多样性之美

Chapter II　Beauty of Biodiversity

生物多样性是世界花园的核心内容，是最具生机和活力的部分。生物多样性提供了维系世界花园物质生活的方方面面，支撑着世界花园内自然界物质循环和能量转换，在保持土壤肥力、涵养水源、稳定气候、降解污染、防治水土流失等方面发挥着重要作用，具有重要的生态价值；生物多样性为世界花园创造了巨大的（潜在）经济价值，一个重要的经济物种甚至可以支撑起一个国家的经济发展；生物多样性还具有重要的美学、文化、科教价值，为世界花园提供了景观构建、美化环境、旅游观光、休闲康养等社会环境服务功能。[①]

①杨宇明：《云南——地球生物多样性的窗口》，载《人与自然》，2021年第1期。

云南不仅生物资源丰富程度独冠全国，还是世界公认的全球地理景观、生态系统、生物类群和遗传种质资源最丰富地区，是具有全球意义的生物多样性关键分布区域。在云南这片神奇的土地上，澄江动物化石群被誉为“地球古生物圣地”，是研究地球生命起源的宝库；禄丰恐龙动物群是地球古脊椎动物最完整、最丰富的动物群之一，被誉为地球“爬行动物的博物馆”。云南还是世界许多物种的起源和分化中心之一。云南长期致力于生物多样性保护，全省 90% 的典型生态系统和 85% 的重要物种得到有效保护，初步建成了布局合理、类型齐全的自然保护区网络体系。[①] 生物多样性保护成效显著、成就斐然。

## 一 天赋异彩

生物多样性是生物及其环境形成的生态复合体以及与此相关的各种生态过程的总和，包括动物、植物、微生物和它们所拥有的基因及它们与其生存环境形成的复杂的生态系统。人们往往把生物多样性视为地球生命实体本身，研究它们以各种形式、层次和组合所表现出来的多样性，主要包括生态系统、物种和基因多样性，以及景观多样性。人类文化多样性也被认为是生物多样性的一部分，因为文化特征的表现是人类适应自然生态环境下的生存策略。[②]

得天独厚的生态优势和独特的地理气候特点使云南成为我国 17 个生物多样性关键地区之一，涉及全球 34 个物种最丰富热点地区中的 3 个（中国西南山地、东喜马拉雅山地和印缅地区）。云南的生物多样性

---

①云南省生态环境厅：《云南生物多样性白皮书（发布稿）》，2020年5月22日。

②蒋志刚、马克平、韩兴国：《保护生物学》，浙江科学技术出版社1997年版，第1—8页。

高山之巅盛开的杜鹃花（李　勇 / 摄）

之美在于世界花园内的生态系统多样性之美、物种多样性之美、基因多样性之美以及景观多样性之美，也包括绽放在世界花园内的生态文化多样性之美。

## 帽天山——地球生命“寒武纪大爆发”现场

在云南省玉溪澄江市帽天山化石地自然博物馆，人们可以在一片片封存于寒武纪地层的化石中找到生命起源的最初形态。一条埋藏于寒武纪地层的小小“昆明鱼”成了地球上所有脊椎动物的祖先。如果把地球46亿年的历史压缩成一天，最早的生命可能出现在凌晨4点，在晚上9点15分，寒武纪生命大爆发。用地球发展史1%的时间，演化出了地球90%以上的动物门类。

帽天山，位于玉溪澄江市城区东南边6千米处，距昆明市60千米，所谓地球生命的“寒武纪大爆发”现场指的就是这里。帽天山化石带，呈带状蜿蜒分布，长20千米，宽4.5千米。这里埋藏着距今5.41亿年的帽天山化石群，是迄今为止全球发现的分布最集中、保存最完整、种类最丰富的早寒武纪化石遗迹，共发现40多个门类200余种早寒武纪动植物化石，是目前所发现的最古老的一个多门类动物化石群遗迹。经过5亿多年的沧桑巨变，这些不同类别的海洋动物软体构造依旧保存完好，生动再现了寒武纪时期海洋生命的壮丽景观和现生动物的原始特征，为研究地球早期生命起源、演化、生态等理论提供了珍贵的证据。

1984年7月1日，中国科学院侯先光研究员在澄江县（2020年撤县设市）帽天山发现了“纳罗虫”化石，向人类揭示沉睡了5.41亿年的寒武纪早期世界。帽天山，从此闻名世界。这里所发现的动物化石涵盖了现代生物的各个门类，且80%属于新种。同时，还发现了多种过去曾大量存在现已灭绝的动物新种，由于已超出现有动物分类体系，只能以发掘地名来命名，如抚仙湖虫、帽天山虫、云南虫、昆明虫和跨马虫等。最值得一提的是，在玉溪与昆明交界的滇池海口发现了地球上最古老的脊柱动物——海口鱼的化石，属稀世珍宝级的动物化石。研究表明，海口鱼结构和功能比云南虫还复杂，被认为是鱼类—两栖类—爬行类—哺乳类—人类这一生命进化树和生物演化链上的鼻祖。这一科学发现当即震惊了世界。云南澄江化石使脊椎动物出现的时间提前了 6000 万年，被国际科学界誉为“古生物圣地”“世界级的化石宝库”。

澄江帽天山是世界级文化遗产，它的出现填补了科学界对寒武纪这个时代认知的缺口，带领人们认识一个更加丰富的史前时代。2001 年，这里建成了帽天山国家地质公园，公园里有寒武纪化石保护区。2020 年，澄江化石地博物馆开门迎客，博物馆以“生命大爆发、生命大演化、生物多样性”为主要脉络，讲述地球生命宏大的演化故事。澄江化石是现生动物的演化树之根，之后这棵树才开枝散叶，最后演化出了当今地球丰富的生物多样性。

### （一）诗意的栖居之所

生态系统多样性是一个地区生态多样化的尺度，包括不同的生物群落及其与化学和物理环境的相互作用。生态系统多样性涵盖的是在生物圈之内现存的各种生态系统（如草原生态系统、森林生态系统、湖泊生态系统等），也就是在不同物理大背景下发生的各种不同的生物生态进程。[①]

云南地理、地貌、气候的复杂多样，孕育了生态系统类型多样，堪称世界生态类型的缩影。云南区域面积仅占全国国土面积的 4.1%，却有 445 个群系和数量众多的植物群丛，分别属于热带雨林、季雨林、常

①蒋志刚、马克平、韩兴国：《保护生物学》，浙江科学技术出版社1997年版。

高山生态系统的生命力（和晓燕/摄）

绿阔叶林、硬叶常绿阔叶林、落叶阔叶林、暖性针叶林、温性针叶林、竹林、稀树灌木草丛、灌丛、草甸、湿地植被等12个植被型或植被亚型，[①]涵盖了从热带到寒带，从水生、湿润、半湿润、半干旱到干旱，从自养到异养的各种生物种类和生态类型。

云南森林生态系统以乔木为标志，主要有169类，占全国的80%。分布特点是既有水平分布，又有垂直变化，反映出与其他省区所不同的独特性，可划分为热带雨林、季雨林、季风常绿阔叶林、思茅松林、半湿润常绿阔叶林、云南松林、温带针叶林、寒温性针叶林等类型。灌丛生态系统主要有寒温性灌丛、暖性石灰岩灌丛、干热河谷灌丛和热性河滩灌丛4种类型。草甸类型多样，分布广泛，主要分为高寒草甸、沼泽化草甸和寒温草甸3个生态系统类型。境内还有与热带草原（稀树草原）外观极为相似的稀树灌木草丛，它是在原生森林长期受到砍伐火烧后所形成的一种次生生态系统。

云南水生生态系统包括河流生态系统、湖泊生态系统、湿地生态系统等。金沙江、澜沧江、怒江、独龙江、红河（元江）和南盘江（珠江）六大水系构筑了云南淡水生态系统的基本框架，以滇池、洱海、抚仙湖、异龙湖和泸沽湖等为代表的云南高原湖泊，反映了淡水生态系统的高原特殊性。近年来，云南湿地生态系统水环境质量明显改善，涵养水源、维持生物多样性、净化水质、科普教育等多种功能得到较好发挥。[②]

云南全省草地面积1526.27万公顷，约占辖区面积的39%，主要包括热性灌草丛、暖性灌草丛、山地草甸、高寒草甸4类。在温性和寒温性山地气候、草甸土基质的条件下形成了山地草甸、高寒草甸，属于较

①《云南省生物多样性保护战略与行动计划（2012—2030）》。
②《2019年云南环境状况公报》，云南省生态环境厅网，2020年6月3日。

香格里拉普达措国家公园丰富的生态系统（郭　娜/摄）

为稳定的生态类型，其他多为森林受到破坏或反复樵采下形成的次生生态系统类型。草甸主要分布在滇西北和滇东北的高山亚高山地带，如滇东北乌蒙山、会泽大海、巧家药山，滇西北玉龙雪山、哈巴雪山，以及香格里拉的高原山地。为保护草地生态系统多样性，2003 年云南开始实施退牧还草工程，2010 年实施草原生态保护补助奖励机制政策，草地生态功能得以持续增强，生产力水平稳中有升，过度放牧等问题得到遏制。根据《云南省 2018 年草原监测报告》，全省天然草原综合植被盖度 87.8%，草群平均高度 28.31 厘米，每公顷鲜草产量 10313.65 千克，每公顷可食牧草鲜草产量 8574.77 千克。[①]

改革开放以来，云南加大生态系统保护力度，不断加大对退化生态系统的修复，森林滥伐、土地严重退化、陡坡地开垦和侵占湿地等生态破坏问题得到扭转，重点生态工程建设区生态系统质量明显好转，生态服务功能得到增强。自 2000 年试点实施退耕还林工程、2014 年启动新一轮退耕还林还草工程以来，累计完成退耕还林 112.54 万公顷、荒山荒地造林 70.70 万公顷、封山育林 14.70 万公顷。2010—2019 年，全省共治理 372 条小流域，治理水土流失面积 2423.07 平方千米。滇池、洱海等湿地生态系统质量明显改善。[②]

### （二）万类霜天竞自由

物种多样性囊括地球上所有的物种，它不仅包括细菌及原生生物，还包括多细胞的高等生物（植物、菌物及动物）。物种多样性的形成与维持是生物多样性研究的核心问题之一。世界自然基金会《地球生命力报告 2020》显示，全球 42% 的陆地无脊椎动物、34% 的淡水无脊椎动物和 25% 的海洋无脊椎动物被认为濒临灭绝。1970—2014 年，全球脊椎动物物种种群丰度平均下降了 60%。[③]

目前，云南拥有脊椎动物 2273 种，占全国的 51.4%，特有动物物种 351 种。按照保护级别划分，国家一级重点保护陆生野生动物 58 种，

①《云南省2018年草原监测报告》，关注森林网，2019年5月31日。
②云南省生态环境厅：《云南生物多样性白皮书（发布稿）》，2020年5月22日。
③《地球生命力报告2020》，世界自然基金会（WWF）网，2020年9月10日。

云南旗舰物种——绿孔雀（云南日报社 / 供图）

国家二级重点保护陆生野生动物 178 种。其中，亚洲象、野牛、白颊长臂猿、白掌长臂猿、戴帽叶猴、灰叶猴、威氏小鼷鹿、豚鹿、绿孔雀、赤颈鹤等 25 种为云南独有。目前，全省已知高等植物 19333 种（包括亚变种），占全国的 50.1%。列入《国家重点保护野生植物名录（第一批）》的有 146 种，占全国的 47.2%。按照保护级别划分，国家一级重点保护植物有 38 种，占 26%；国家级重点保护植物 108 种，占 74%。[①]

植物分类学家在云南发现植物新物种的概率并不低。2011 年以来，发现于云南并合格发表的种子植物物种（包括种下等级）有 200 余种，这些新发现的物种，要么具有独特的区别于现有物种的形态特征，要么通过形态学和分子生物学证据可确认为新物种。早在 2002 年，中国科学院植物研究所科研人员在云南省大理白族自治州漾濞彝族自治县苍山发现的漾濞槭，是世界上最稀有和濒危的植物物种之一；2007 年，被认为已灭绝百年的弥勒苣苔在石林县被重新发现；2020 年，在云南铜壁关省级自然保护区发现紫花黄药、大叶可爱花两个新物种，德宏州植物物种数量再度增加。与种类繁多的植物相比，发现动物新物种相对要困难得多。2010 年、2017 年，科学家先后在高黎贡山国家级自然保护区命名了极度濒危物种高黎贡白眉长臂猿、怒江金丝猴。其中，高黎贡白眉长臂猿是长臂猿科 100 年来被命名的第二个新物种，也是中国科学家命名的唯一的长臂猿，在国际上产生了巨大影响。

云南约有 112 种极小种群野生动植物（野生植物 62 种，野生动物 50 种）。为保护极小种群物种及其赖以生存的自然环境，拯救现存物

①《国家重点保护野生植物名录（第一批）》。

有着植物界"大熊猫"美誉的漾濞槭（网络图片）

包叶雪莲（和晓燕 / 摄）

阿墩子龙胆（和晓燕 / 摄）

种资源，2004年云南在全国率先提出和倡议“极小种群”保护，2005年又率先在全国启动了62种极小种群野生植物拯救优先保护行动，2009年“生物多样性保护小额赠款项目——极小种群物种保护行动”在全国率先启动，成为云南实施生物多样性保护工程的重点和亮点。经过多年的持续努力，云南极小种群物种保护工作取得显著成效。多个濒临灭绝的野生动植物种类得到有效保护，多种珍稀濒危野生动物种群呈现稳定增长趋势。[①] 多年来，全省实施极小种群野生植物拯救保护项目100多个，2021年4月13日，云南省林草局发布《云南省极小种群野生植物保护名录（征求意见稿）》（2021版）。经过探索实践，云南亚洲象数量从150头增长到300头左右，滇金丝猴数量从1400只增长至3500只左右，西黑冠长臂猿、黑颈鹤等多种珍稀濒危野生动物种群呈现稳定增长趋势，旗舰动物拯救保护成效显著。

## 古脊椎动物的地质博物馆——禄丰恐龙谷

云南是地球上一个具有显著特色的地层古生物集中分布区，也是古老特有物种的遗存中心。除了澄江动物化石群被誉为“地球古生物圣地”外，禄丰恐龙化石也蜚声中外。禄丰有“动物化石博物馆”的美誉，在全球的古生物化石遗址中具有极高的科学价值、观赏性和吸引力。

1938年，在禄丰盆地的侏罗纪地层中发现了中国第一具恐龙化石，被命名为“许氏禄丰龙”；1995年，在禄丰的阿纳山发现了190多具恐龙化石，集中埋藏在不到6平方千米的小山上。到目前为止，禄丰是世界上规模最大的恐龙遗址之一，发掘出尹氏芦沟龙、中国虚骨龙、中国安琪龙、

---

①《云南省生物多样性保护战略与行动计划（2012—2030）》。

三叠中国龙、许氏禄丰龙、巨型禄丰龙、巨硕云南龙、黄氏云南龙、新洼金山龙、禄丰滇中龙和奥氏肢龙等 24 属 34 种，分别为早、中、晚侏罗纪三个时代的恐龙化石，是目前世界上恐龙化石种类最丰富、分布最集中、数量最大的恐龙化石遗址和保存最完整的古脊椎动物化石埋藏地。[①]

中国地质学家卞美年在禄丰发现了一种独特的动物完整的头骨化石，经杨钟健教授深入研究后确认为是爬行动物进化为哺乳动物的“中间类型”

①费宣：《云南地址之旅》，云南科技出版社2016年版，第185—186页。

禄丰恐龙谷（杨　峥/摄）

而震惊世界。卞氏兽就是为纪念地质学家卞美年的这一重大发现而命名的。1980年，在禄丰石灰坝褐煤层中发现了世界上第一具最为完整的腊玛古猿头骨化石，禄丰又一次震惊了世界。此后又发现了原始长臂猿、剑齿虎、无角犀、巨爪兽、原始鹿、转角羊等34种哺乳动物化石。

## 红河金平蝴蝶谷

云南作为拥有最丰富种类蝴蝶的地区，关于蝴蝶会和蝴蝶的故事也数不胜数。徐霞客就曾这样描述大理蝴蝶泉边蝴蝶会的胜景："泉上大树，当四月初，即发花如蛱蝶，须翅栩然，与生蝶无异；又有真蝶千万，连须钩足，自树巅倒悬而下，及于泉面，缤纷络绎，五色焕然。"

地处中越边境的云南省金平县马鞍底乡一直被人们称为秘境中的秘境，这里山高谷深，植被茂盛，降雨充沛，气候温暖湿润，为各种蝶类顺利完成世代交替和安全越冬提供了优越的气候条件。同时，漫山遍野都生长着白袖箭环蝶的寄主植物——中华大节竹，加之高差明显的垂直地带变化，复杂多样的小区域生境，低纬度热带气候，干湿分明的季节变化，尤其适合蝴蝶生存。千万年来这里进化出了多种多样的蝴蝶种类，成就了现在的金平蝴蝶谷。每年五六月，金平县马鞍底乡的蝴蝶谷都会迎来一场堪称世界奇观的蝴蝶盛会。涧水悠悠白云舞，蝴蝶翩翩漫天飞。1亿多只白袖箭环蝶齐聚在狭小的区域，现场宛如一片金色的蝴蝶海洋，场面十分壮观震撼。

中国的蝴蝶种类有12科，马鞍底乡就有11科。这里常见的蝴蝶群主要有凤蝶科、蛱蝶科蝴蝶，如蓝凤蝶、红绶绿凤蝶云南亚种、孔雀眼蛱蝶、拟豹纹蛱蝶、丽蛱蝶云南种等。每年夏天，蝴蝶都会飞到这里来聚会。

红河金平蝴蝶谷（胡艳辉/摄）

这些色彩斑斓的美丽蝴蝶与这里的森林、瀑布、蘑菇房相映成趣，构成了一幅美不胜收的神奇画卷。谷内蝴蝶种类有400多种，单位区域蝴蝶种类数量位居世界第一，成为世界生物多样性的一大奇观。

### （三）神奇的生命密码

遗传多样性，是指同种生物的同一种群内不同个体之间，或地理上隔离的种群之间遗传信息的变异。[①]研究发现，全球范围内，本地栽培植物和驯化动物种类和品种正在消失，农业系统对害虫、病原体和气候变化等威胁的抵御能力正在丧失。到2016年，全世界用于粮食和农业生产的6190种驯养哺乳动物中，有559种（占9%以上）已经灭绝，至少还有1000多种受到威胁。[②]

云南拥有中国最丰富的物种多样性，蕴藏着大量珍贵的遗传基因多样性，特别是许多经济价值高、利用广的栽培植物与家养动物，都能在云南找到其野生类型或近缘种。云南农业栽培作物、特色经济林木、畜禽等物种遗传种质资源丰富，有农作物及其野生近缘种植物数千种，是世界栽培稻、荞麦、茶等作物的起源地和多样性中心。其中，我国的3种野生稻（普通野生稻、疣粒野生稻、药用野生稻）均分布于云南南部至西南部热带地区；野荔枝、野生猕猴桃、普洱茶及林生芒果等许多重要栽培植物的野生型或近缘种在国内主要分布于云南；全省核桃、板栗等特色经济林果种类达100多种；药用植物有6157种，占全国总数的55.4%，位居全国之首；地方畜禽品种约172个，种质特性各异；[③]印度野牛、爪哇野牛、独龙牛、原鸡和赤麻鸭等家养动物野生类型或近缘种在国内仅分布于云南南部；已经驯养的动物，如文山黄牛、昭通黄牛、德宏水牛、盐津水牛、大理马、丽江马、保山猪、昭通山羊、云岭山羊、龙陵山羊等均为云南特有土著品种，是具有重要经济价值与开发

①蒋志刚、马克平、韩兴国：《保护生物学》，浙江科学技术出版社1997年版，第32—33页。

② IPBES，*Summary for policymakers of the global assessment report on biodiversity and ecosystem services of the Intergovernmental Science-Policy Platform on Biodiversity and Ecosystem Services*（Bonn：IPBES secretariat, 2019），p.56.

③《云南省生物多样性保护战略与行动计划（2012—2030）》。

潜力的遗传基因资源。[①]

云南种质资源驯化工作有序推进，种质资源评价、驯化进展顺利。“云南及周边地区生物资源调查”项目获得5300多份农作物种质资源，并对其基本农艺性状、抗病虫和抗逆性、营养品质和加工品质进行了评价。对重要作物进行了遗传多样性的标记、克隆和转化特殊性状的基因控制，为种质创新和新品种选育提供了优异种质及更可靠的相关数据和信息。利用作物资源，育成了近600个品种（系），成功驯化了天麻、灯盏花、铁皮石斛、丽江山慈姑、龙血树、红豆杉等20余种药用植物，引种了以南药为主的砂仁、豆蔻、儿茶、槟榔、没药、胖大海等药用植物，[②]驯化养殖元江鲤（华南鲤）、滇池高背鲫、大头鲤、软鳍新光唇鱼、云南光唇鱼、腾冲墨头鱼、程海白鱼、星云白鱼等80余种云南土著鱼种。[③]

## 像树一样高的稻米——毫目细

德宏傣族景颇族自治州芒市遮放是我国现存的3个野生稻谷原种地之一，独特的生物资源，使德宏地区成为我国较早发展稻作农业的地方之一。远在2000年前云南傣族先民就已经种植水稻，唐代《蛮书》中有云南傣族以大象蹈土种稻的记载。芒市遮放米产自位于横断山脉西南部，高黎贡山以西的一块自东北向西南倾斜的切割山原的河谷盆地（俗称坝子），遮放坝子系河流冲积的河谷平原，为河流泥沙、沙砾冲击物淤积而成，堆

①Yang Yuming, Tian Kun, Hao Jiming , “Biodiversity and biodiversity conservation in Yunnan” *China Biodiversity and Conservation*, （2003）：612.

②郑殿升、游承俐、高爱农等：《云南及周边地区少数民族对农业生物资源的保护与利用》，载《植物遗传资源学报》，2012年第5期。

③云南省生态环境厅：《云南生物多样性白皮书（发布稿）》，2020年5月22日。

积深厚，土质疏松肥沃。这里地热资源丰富，光照充足，昼夜温差大，四周群山森林密布，坝边路旁凤尾竹成排成行，每到雨季，山风和着雨水将四周山里屯集在地面上的各种物质冲刷下来，给整个坝子覆上厚厚一层水稻生长元素。

从古至今，因为得天独厚的自然条件，德宏所产稻米尤其是遮放米清香怡人、口感软糯。1623年，芒市遮放土司带着玉器、大象、遮放米等进贡朝廷，遮放米由此成为云南有名的“贡米”。遮放贡米以米粒大而长，色泽晶莹如玉，蛋白质含量高，香松酥软，热不黏稠、冷不回生，营养丰富，食之不腻而闻名，是中国国家地理标志产品。遮放贡米中最古老也

**遮放稻米香飘四海（云南日报社 / 供图）**

最为有名的品种是“毫目细”。株高1.8—2.6米，像树一样高，但生长过程中容易倒伏，且产量很低，亩产一般仅达150—200千克，优质而不高产。

多年来，在省、州农业和科技部门的大力支持下，德宏农业科技工作者加大德宏优质软米新品种的育种及示范推广研究创新工作，经过艰难育种攻关，攻克了困扰德宏优质稻发展的难题，成功选育了15个优质高产、抗病强的优质稻新品种。由于米质好、产量高、抗病虫性能好，化肥、农药施用量少，耐旱耐涝能力强，深受国内外消费者喜爱。

## 生物基因工程的珍贵资源——独龙牛①

独龙牛，即大额牛，独龙语称之为“ŋɯ$^{31}$pu$^{53}$”。独龙牛主要分布在云南省怒江傈僳族自治州的独龙江乡，在缅甸、印度、不丹等国家也有分布。一直以来在我国的数量仅有3000多头。独龙牛牛毛呈黑色或深褐色，四肢下部全白，有的头部或唇部有白色斑块，体躯高大，犄角较低平，四肢短劲，蹄小坚实，体前躯较粗重，肌肉发达。公牛站定时头部常常昂起，立姿彪悍。独龙牛的染色体基因介于野牛和家牛之间，喜群居，野外放养，一般分布在100多千米范围之内，海拔1500—3800米茂密潮湿的丛林之中。

独龙牛是一种尚未完全驯化的半野性良种牛，是生物基因工程的珍贵资源，对环境选择要求高，生存能力较强。独龙牛繁殖缓慢，处于濒危状态，已被列入《云南省省级畜禽遗传资源保护名录》。最初，只有独龙江下游一带的独龙族饲养独龙牛，后来，慢慢发展到整个独龙江乡以及独龙江以外的贡山县城附近。在这些区域政府管理部门立项建立了养殖场，进

①李金明：云南省社会科学院民族文学研究所副所长、独龙族研究员，未刊稿，2021年3月。

独龙江畔独龙牛（李金明/摄）

行保育选种。独龙牛种牛养殖场位于贡山县茨开镇嘎拉博河中上游、碧罗雪山西坡。2018 年前由县农业局畜牧推广中心管理，2019 年之后由县农业农村局乡镇企业股管理。2019 年，总存栏 219 头，其中公牛 49 头、母牛 132 头、犊牛 35 头、淘汰牛 3 头。

基于独龙牛濒危、数量极少的现状，为保护这一珍稀畜种，贡山县采取了组建和扩大核心群的数量、扩大独龙牛的饲养区域等措施。以云南省家畜改良工作站、云南农业大学动物科学技术学院、云南省草地动物科学研究院为技术依托单位，利用地方资源，建立保种区，收集整理相应的技术资料，进行独龙牛种质资源保护。保种工作经历了全面保种、核心群保种、异地扩繁保种和开发利用相结合的四个发展时期，目前已取得对独龙牛的分类、起源、遗传多样性、肉用性能、繁殖性能及营养等方面的初步成果。

云南建立了包括自然保护区、原生境保护小区、保种场、种质资源保护区、种质资源库（圃）、基因库等在内的遗传资源保护体系，种质遗传资源保护卓有成效。实施了野生稻种质资源原生境保护区建设项目，在玉溪市元江县、普洱市澜沧县和翠云区、西双版纳州景洪市、保山市龙陵县、临沧市耿马县等地分别建立了 7 个普通野生稻、药用野生稻和疣粒野生稻自然居群原生境保护区；建立了六大茶山、千家寨野生茶、哀牢山野生茶树、高黎贡山野生茶、锦屏无量山古茶树、南糯山大茶树、邦葳大茶树等 13 个野生茶树和古茶树种质资源原生境重点保护区或保护点；建设了滇南小耳猪、富源大河猪、贡山大额牛（独龙牛）、文山矮马、龙陵黄山羊、宁蒗黑头山羊、茶花鸡、滇池麻鸭、邓川奶牛等 19 个重要畜禽品种保种场（保种区）；设立了抚仙湖特有鱼类、弥苴河大理裂腹鱼、怒江中上游特有鱼类、滇池特色鱼类、程海特有鱼类等 21 个国家级、省级水产种质资源保护区；建成了云南松、华山松母

香格里拉藏香猪（曹津永/摄）

树林基地13处，秃杉、思茅松、干香柏等树种的种子园9处，高山松、云杉、冷杉、西南桦、红椿、柚木等16个树种的林木采种基地45处。

云南建设有国家种质开远甘蔗圃、国家种质大叶茶资源圃（勐海）、国家果树种质云南特有果树及砧木圃云南野生稻资源圃（昆明、景洪）、元谋干热河谷植物园（原热区经济作物资源圃）、瑞丽咖啡种质资源圃、野生橡胶树种质资源圃（景洪）、澳洲坚果种质资源圃（景洪）等多个作物种质资源圃，并依托植物园、树木园、南药园、种质资源库等收集保存种质资源。中国西南野生生物种质资源库收集保存各类野生生物种质资源20000多种、野生植物种子10000多种，成为仅次于“英国千年种子库”的世界第二大野生植物种子库。云南省农业科学院作物种质资源中期库收集保存了23000份珍贵农作物种质资源，其中野生稻资源保存数量居全国之首。[①]

## 中国西南野生生物种质资源库

2009年11月底，中国第一座规模达83.95亩的国家级野生生物种质资源库——中国西南野生生物种质资源库，在中国科学院昆明植物研究所建成，这是中国自己建立的植物“诺亚方舟”，也是亚洲最大的野生生物种质资源收集、保藏机构。该种质资源库由著名植物学家吴征镒院士建议立项，主要包括种子库、植物离体种质库、DNA库、微生物种子库、动物种质库、信息中心和植物种质资源圃。中国西南野生生物种质资源库经过10余年建设，已保存野生植物种子10601种85046份，占我国种子植物物种数的36%。

①云南省生态环境厅：《云南生物多样性白皮书（发布稿）》，2020年5月22日。

建设中国西南野生生物种质资源库是我国政府履行《生物多样性公约》、实施可持续发展战略的重要内容，对中国参与全球生物技术产业竞争产生着积极而深远的影响。作为国家重大科学工程，种质资源库是中国生物学领域的一个重点工作。资源库立足西南、面向全国，网络全世界，要建成国际上有重要影响、亚洲一流的野生生物种质资源保护设施和科学体系，使中国的生物战略资源安全得到可靠的保障，为中国生物技术产业的发展和生命科学的研究源源不断地提供所需的种质资源材料及相关信息和人才，促进中国生物技术产业和社会经济的可持续发展。

傲然苍穹的雪山（李　谨／摄）

### （四）天地大美而不言

景观是由相互作用的景观要素或生态系统以一定的规律组成的具有高度空间异质性的区域。景观多样性在某种意义上可以作为生物多样性的第四个层次。景观要素是组成景观的基本单元，相当于一个生态系统。景观多样性是指由不同类型的景观要素或生态系统构成的景观在空间结构、功能机制和时间动态方面的多样化程度。[①]

我国地势自西向东呈三梯层倾斜下降，而云南自西北向东南也呈三梯层倾斜下降。在这样的倾斜地势和多层性高原面上，高耸的山峰与深切的河谷地貌的地域差异对光、热、水汽的分布与再分配起到了主导作用，从而导致了从水平到垂直的气候、土壤、生物群落和植被带的形成，并且在不同的地貌、气候、土壤和植被条件下形成了各种不同的生态系统类型，相互联系和影响的生态系统与地貌类型共同构成了云南极其丰富的生物地理景观多样性。其景观类型自北向南随纬度降低和海拔下降，按三个梯层四个层面地势变化形成一套复杂的景观谱系，可划分为50个典型景观类型。[②]

地理景观的多样是云南生物多样性中最具魅力的景观资源。云南有千姿百态的石林，湖面广阔、烟波浩渺的滇池，热带风光绮丽的西双版纳热带雨林，世界罕见的“三河并流而不交汇”的独特自然地理景观，还有雪山和山谷、高山湖泊、冰川草甸、丹霞地貌等自然景观。

①傅伯杰、陈利项：《景观多样性的类型及其生态意义》，载《地理学报》，1996年第5期。
②杨宇明：《云南：地球生物多样性的窗口》，载《人与自然》，2021年第1期。

虎跳峡江水似万马奔腾（杨　峥/摄）

黎明丹霞（杨　峥/摄）

明永冰川（曹津永/摄）

纳帕海晚霞（和晓燕/摄）

## 二 奇花异草

云南花卉种质资源非常丰富、驯化历史源远流长，是中国和世界的花卉起源与分布中心之一，许多世界名花都原产于云南。花卉多样性为世界花园增添了缤纷绚烂的色彩。云南拥有立体性气候、优质充沛的日照、得天独厚的地理位置，为鲜花生长提供了优异条件。全国各地七成多的鲜花产自云南，云南鲜花并出口至世界40多个国家和地区。云南还具有源远流长的爱花传统和用花文化，云南各族人民很早就有用花入药、以花为宴的习俗，食用花卉达300多种，市场上常见食用花卉在50种左右。

云南药用植物种类多样性也极为丰富，是世界上中草药资源最富集的地区之一，中草药资源达6559种，居全国首位，并有许多特有品种，在历史上就被称为“药材之乡”。除了被核实收载于中国药典（2005）、各类标准的重要中药资源外，云南还蕴藏着许多民间和少数民族的有效中医方药，民族民间医药文化底蕴深厚。在云南少数民族聚居的地区，当地群众从民间、民族药中寻找新药，积累了一定的经验，并取得成效。如，云南白药、灯盏花、金品系列药物等均始源于民族药。如此丰富和宝贵的药物资源，已为云南开发创新药物，形成并拥有自主知识产权的新药品种，增强云南中草药现代化产业的核心竞争力，走向世界奠定了极为有利的基础。正是由于云南的这些“奇花异草”，让“云花”“云药”等绿色品牌享誉四方。

得天独厚的气候条件，复杂的地形地貌，孕育了多种生态条件、多样的植被类型、土壤类型和森林类型，奠定了云南成为名扬四海的“野生菌家园”的基础。云南拥有世界上最为丰富的野生食用菌资源，种类繁多、分布广泛、产量惊人。野生食用菌产业成为仅次于烟草、咖啡和蔬菜的云南重要林下经济产业。云南大部分区域植被良好、空气清新、水源清洁、污染较小，在纯净山野中生长的野生菌是名副其实的原生态绿色产品。

### （一）引人欲醉的花海

花是种子植物最重要、最复杂、最显眼的繁殖器官，科学家对植物的研究以及人们对植物的关注也都是从花开始的。花因美丽的色彩与神奇的姿态，自古以来就受到人类的喜爱，并逐渐进入人们的精神世界，被赋予了深刻的精神与文化内涵。在人类社会的历史演进中，人们把花逐渐培育成与人为伴的精神文化植物。在现代社会人们为建设美好环境、构建社会文明，培育发展花的产业。

杜鹃花海（和晓燕/摄）

早在16世纪，西方博物学家就进入中国进行植物探险活动。1904年，英国人乔治·福雷斯特由缅甸进入云南腾冲，被云南尤其是滇西壮丽的山川和丰富的生物资源所吸引，开始了他在云南28年的植物猎人生涯。他先后组织了7次大规模的采集活动，为英国皇家植物园采集并寄回了3万多号10万多份植物标本和相应的种子以及大量的鸟兽标本和昆虫标本。最轰动的是他雇人砍倒了一株高25米、树龄280年的大树杜鹃花王老树，并将树干锯成圆盘运回英国。时至今日，这块从杜鹃花王身上取下的巨大圆盘仍陈列在大英博物馆中。1911年1月，英国人弗兰克·金敦·沃德从上海辗转来到云南，开始了滇、缅、印之间长达40余年、多达20余次的探险采集生涯，也为英国提供了上百种杜鹃花品种。英国爱丁堡植物园有中国原产的植物1500多种，其中相当部分是来自云南的花卉资源。可见，云南野生观赏花卉种质资源深刻改变了世界的园林景观和花卉产业，为世界园林和现代花卉产业发展作出了巨大贡献。

云南花卉和园艺观赏植物资源极为丰富和多样，有1/3的高等植物种类具有花卉和园艺观赏价值，并以木本花卉、草本高山花卉和热带附生兰花及藤本花卉为特色和代表。花卉生长地点也是多样的，从热带到寒温带、从雨林到草甸、从地上到树上、从水中到高山都可见到花的身影，可谓云南无处不飞花，四季鲜花开满山。

云南的八大名花，包括木本花卉的杜鹃、山茶、玉兰，草本花卉的兰花、百合花、报春花、龙胆和绿绒蒿，都以云南为分布中心，有些品种为云南所特有，山茶种源最早于14世纪从云南大理苍山传入日本，17世纪传入欧洲。云南是世界上山茶属植物最重要的发源中心和变异中心，是世界上最早人工栽种山茶花的地区。16世纪，各国的植物采

冬雪覆盖的高山杜鹃（和晓燕／摄）

滇牡丹（和晓燕/摄）

集者纷纷来中国搜集花卉资源，经人工驯化和选育成为世界名花。在欧洲最负盛名、在全球广泛种植的杜鹃、百合、绿绒蒿主要来自云南丽江玉龙雪山和滇西的高黎贡山。杜鹃是世界三大名花之一，种类繁多，每年春夏之交，花蕾怒放，千姿百态，有“山林美容师”之称。“世界杜鹃在中国，中国杜鹃在云南。”中国杜鹃占世界杜鹃种类的一半，共有近 600 种。其中，320 余种主要分布在以云南为主的西南地区 2000—4500 米的高海拔山区。西方人士曾毫不隐讳地说：“没有中国云南的杜鹃花就没有英国的园林。”直到现在，英国皇家爱丁堡植物园依然承认给他们带来最丰富的园林景观植物的依然是来自中国云南的 200 种杜鹃花。

## 一生只开一次花——绿绒蒿

绿绒蒿是野生高山花卉，被誉为“高山牡丹”，欧洲人将其推崇为“世界名花”。因全株披有绒毛或刚毛而得名，它们不仅具有很高的观赏价值，有些种类还可以入药治病。绿绒蒿为罂粟科绿绒蒿属植物，喜马拉雅和横断山区是绿绒蒿的集中分布地。2008 年出版的《中国植物志》英文版记载共有 54 种，但是目前最新的统计，绿绒蒿种数已达 79 种了。中国绿绒蒿主要分布在藏、滇、川、青、甘、陕等省区。其中仅云南就分布有 17 种，其中丽江有 8 种。绿绒蒿多集中分布在滇西北海拔 3000—5000 米的高山草甸和灌丛中。

绿绒蒿被西方人称为“喜马拉雅蓝罂粟”，花儿硕大艳丽，花瓣的质地和虞美人、罂粟类似，纤薄犹如丝缎一般。绿绒蒿独有一种桀骜孤高的气质，无论是黄、蓝、红、粉、紫、白，都有着典型的高原亮丽色彩，在高寒地区独有的浓烈阳光下闪耀着炫目的光芒。威尔逊把绿绒蒿比作自己的“植物情侣”。此外，绿绒蒿还有“东方女神”“高原宝石”“荒野丽人”“梦幻之花”等称号。

大部分绿绒蒿一生只开一次花，这是在极端的气候和生境下进化的结果，练就了绿绒蒿艰辛隐忍的生存本领，默默积蓄能量，沉寂多年后迎来唯一的开花机会，烈日下、寒风中，倾其所有，极尽绚烂，肆意绽放。

全缘叶绿绒蒿（和晓燕/摄）

长叶绿绒蒿（和晓燕/摄）

黄花绿绒蒿（和晓燕/摄）

滇西绿绒蒿（和晓燕/摄）

美丽绿绒蒿（和晓燕/摄）

生活在云南就是徜徉在花的海洋，丰富的阳光和充沛的雨水哺育了云南绚丽的花草，而生活在云南的少数民族又为绚烂的花增添了文化含义和民族风情。比如：白族与茶花。“大理三千户，户户养花。”每年农历二月十四日，是白族一年一度的“朝花节”。这一天，家家都把自己盆栽的茶花等花卉摆在门口，搭成一座座小花山，古老的街市变得群芳竞秀、五彩缤纷。藏族与格桑花。在藏语中，“格桑”是“美好时光”或“幸福”的意思，所以格桑花也叫幸福花，长期以来一直寄托着藏族人民期盼幸福吉祥的美好情感。傣族与鸡蛋花。鸡蛋花属植物原产于墨西哥，经过广泛栽培后大量应用于我国的园林栽培中。在云南西双版纳等地，鸡蛋花与宗教文化关系密切。南传佛教规定寺院必须种植“五树六花”，鸡蛋花就是六花之一。同时也成为傣族妇女的饰品。

云南除了已经培养成为世界名花的品种外，还有极为丰富的潜在的花卉种质资源。如，园林花后金花茶、红山茶，馥郁幽香的玉兰和含笑，色彩艳丽的滇

红樱竞秀（伍　二/摄）

牡丹、报春和龙胆，花期最长的地涌金莲，水中圣洁海菜花，金童玉女杏黄兜兰和硬叶兜兰，空中花园石斛和万代兰等，都是最具代表性的花卉资源，有着巨大的开发利用潜力和广阔的市场前景。

花卉产品是当今世界贸易的大宗商品，花卉业已成为一些国家和地区高效特色农业，形成了鲜切花、盆花和食用花卉为主的产业格局。

云南花卉产业从1983年萌发，目前，云南已发展成为与非洲（肯尼亚）、南美洲（哥伦比亚、厄瓜多尔）并称的全球三大花卉生产中心之一，并成为亚洲第一、世界第二花卉交易中心，鲜花生产面积和产值全球第三，增长速度全球第一。

“从世界范围看，花卉的中心在欧洲，欧洲的花卉在荷兰；从亚洲范围看，花卉的中心在中国，中国的花卉在云南。”[①] 经过30多年发展，云南已经形成多品类、立体化的全省性花卉生产带。其中：鲜切花生产以昆明市、曲靖市、玉溪市、楚雄州、红河州等滇中地区为主；盆栽观赏植物生产以昆明市、曲靖市、玉溪市、保山市、红河州、大理州为主；食用和药用花卉生产以昆明市、曲靖市、楚雄州、文山州、红河州、大理州为主。“云花”是全国商品花卉的主要来源，在全国80多个大中城市中占据70%的市场份额，出口46个国家和地区，有全国10枝鲜切花7枝产自云南之说。

## 昆明斗南花卉交易市场

提起鲜花，很多人的第一反应就是昆明斗南，斗南花市是云南鲜切花的代表。云南花卉从斗南起步。斗南花卉交易市场成立时，斗南片区种植

①《云南，凭什么打造“世界花园”？》，中国新闻网，2020年5月13日。

面积尚不足万亩。在斗南花卉交易市场的带动下，2019年，云南鲜切花种植面积达25万亩，产量139亿支，产值120亿元，其中，斗南花市卖出92.31亿枝，交易额达74.36亿元。斗南已成为中国唯一的国家级花卉交易市场和全国第一、亚洲第二的花卉拍卖中心，以两家龙头企业为核心的产业集群，产品出口至46个国家和地区，连续20多年年鲜切花交易量、交易额、现金量、人流量和出口额居全国第一。每天上万人次入场交易，日现金流量1000万元左右，旺季达2000万元。

近期，昆明制定《斗南花卉建设"世界第一"花卉交易中心的工作计划》，计划到2022年实现交易量120亿枝（年增速10%），交易额150亿元（年增速18%），实现交易量世界第一；再通过6年的努力，到2028年实现交易量160亿枝（年增速5%），交易额350亿元（年增速16%），实现交易额世界第一。

**斗南国际花卉交易中心（黄喆春/摄）**

### （二）藏在深山的药典

云南丰富多样的自然条件，使其成为全国植物种类最多的省份，汇集了从热带、亚热带至温带甚至寒带的所有品种，为种类繁多的中药资源的形成奠定了坚实的基础。1984—1988 年，按全国中药资源普查办公室要求，云南组织了新中国成立以来规模最大的一次全省中药资源普查，经过历时 4 年的调查，基本上查清了云南省中药资源分布状况，查明共有天然药物资源 6559 种，占全国种数的 51%，居全国首位。其中，药用植物 315 科 1814 属 6157 种，药用动物 148 科 288 属 372 种，药用矿物 30 种。[①]云南野生植物药材蕴藏量为 9 亿多千克，其中，达到 100 万千克以上的有 96 种，10 万至 100 万千克的有 191 种。家种植物药材达 145 种，年产量达 2200 多万千克，动物药材（藏）量达 44 万千克。云南主要动植物药材品种数量均属全国之首，为新药开发及天然药物研究提供了良好的条件和基础。

云南药用植物以多年生草本类型为主，药用部位以植物根或根茎类和全草最多。这些神奇的植物药用功效范围很广，清热药的种类最多，其次为祛风湿药、活血化瘀药。云南药材在全国市场上独具一格，素有“云贵川广，道地药材”之美称。如，三七主产于云南文山、红河、玉溪、曲靖、大理、楚雄、昆明等州（市），历史悠久，品质优良，驰名国内外，全省年产量占全国的 70% 以上。云南三七以“铜皮铁骨”之称而闻名，在国内外市场上享有极高声誉，历史上出口最高年达 6 万千克。云木香主产于丽江、迪庆、大理、保山、怒江等州（市），楚雄、曲靖、昭通等州（市）亦有种植。云南木香年收购量居全国一二位。云木香于

①云南省生态环境厅：《云南生物多样性白皮书（发布稿）》，2020年5月22日。

播种重楼（郭　娜/摄）

生长中的重楼（杨　华/摄）

20 世纪 30 年代引种成功，以根条均匀、质坚实、油性足受到质量公认，从而改变了木香依靠进口的历史。茯苓，俗称云苓、松苓，为寄生在松树根上菌类植物。野生茯苓分布于丽江、迪庆、大理、腾冲、禄劝、武定、富民、宣威等地，家种主产于楚雄、昆明和曲靖等地区。因云南气候适宜茯苓生长，养分也更好，故茯苓产量高、品质好，习用已有 2000 多年的历史。“以云南产者为云苓，最正地道”，素有“天下茯苓看云南，云南茯苓看普洱”之称。茯苓的功效十分多，健脾、安神、镇静、利尿，能全方位地增强人体免疫力，被誉为中药“四君八珍”之一。云黄连是一种高海拔阴生植物，适合在冷凉山区、多雨地区种植，对温度、水分和土壤以及地势要求高，因此主要分布于怒江及腾冲地区。怒江福贡特殊的地理环境和气候条件为黄连生产提供了优越条件。云黄连以质优疗效高而闻名，行销国内外，其小檗碱含量高达 7%—9%。在全国重点推广黄连 3 个品种中，福贡就有云连和味连 2 个品种。此外，重楼、昆明山海棠、鞘蕊苏、青叶胆、七叶莲、竹红菌、紫金龙、山乌龟、雪上一枝蒿、岩白菜、灯台叶、金荞麦、紫金龙、三分三、臭灵丹、十大功劳、黄山药、大黄藤、芦荟等均是云南非常有特色的原料药。

特有药用植物指仅分布在某一特定区域内并具有药用价值的植物种类。特有药用植物分布都比较狭窄，是具有特有性和民族性的资源，因此，特有药用植物的保护和可持续利用是生物多样性保护的重点。云南特有药用植物种类极为丰富，共有 259 种（包括 21 个种下单位），隶属于 71 科 149 属，比周边省（区、市）都要高。包含种数最多的科依次为：毛茛科（33 种）、唇形科（30 种）、菊科（13 种）、伞形科（12 种）、报春花科（9 种）、蔷薇科（8 种）及龙胆科（7 种）等。云南特有药用植物的生活型以多年生草本类型为主，多达166种，其次为灌木、半灌木、藤本等，反映了特有药用植物对环境条件长期适应的特征。云南特有药用植物生长的植被类型最多为次生植被类型灌丛及草丛，种数多达118种；针叶林及针阔混交林又次之，有29种；高山草甸及高山流石滩中的特有药用植物种类虽然最少，但也有一定的分布，共有19种。云南特有药用植物资源的地理分布不均匀，滇西北及滇东南分布较多，滇西南与滇中高原分布居中，分布最少的为滇东北。其中，滇西北及滇东南的10个县分布最为集中，是特有药用植物多样性保护的重点地区；云南特有药用植物的分布区比较狭窄，其中有59种植物的分布区仅为一个县。[①]

为了保护珍稀濒危的药用植物资源，国家颁布了《中国珍稀濒危植物名录》《中华人民共和国野生药材资源保护管理条例》《中国植物红皮书》《国家重点保护野生植物名录》等法规条例，使云南省药用植物资源的保护有法可依。[②]近年来，云南通过各种手段，加强云南药用植物的保护力度，使云南的药用植物资源得到可持续利用。通过建立自然保护区对药用植物资源进行就地保护，如巧家药山国家级自然保护区就是以保护珍稀濒危药用植物为主的自然保护区。在迁地保护中，中国医学科学院西双版纳分所、中科院昆明植物园和西双版纳热带植物园对1000多种珍稀药用植物进行资源的活体保存；在玉龙县鲁甸乡建立药用植物资源保护地村民自治机制，创立了民族药用植物社区保护新方法；云南白药集团建设了占地约7公顷的药用植物园，按植物种属分

①陈文允：《云南特有药用植物资源及生物多样性研究》，云南大学硕士论文，2006年。
②张金渝等：《云南药用植物资源的保护与可持续利用》，载《云南省作物学会2004—2006年优秀论文选集》，2006年5月。

为 12 个专类园，收集植物 1000 余种，其中药用植物约 600 余种、国家珍稀濒危和保护植物 60 余种，成为集药用植物多样性展示、科普教育、中医药文化服务于一体的示范地。[①]

云南加大对药用植物的基础研究，尤其对药用植物在不同时间和不同部位有效成分积累规律的研究，以及珍稀濒危药用植物替代品的研

①云南省生态环境厅：《云南生物多样性白皮书（发布稿）》，2020年5月22日。

中药材白术种植（曹津永/摄）

究，科学合理地制定采集方案，减少药材在加工、保存运输中药效成分的损失，减少资源浪费，扩大加工深度，对废弃资源进行转化利用和多层次开发利用等。这样不仅充分利用了资源，还将增加药农的经济效益。云南高度重视和大力支持“云药”产业的发展，以提升“云药”品牌影响力为抓手，聚焦重点品种推进基地建设，坚持标准化、规范化、有机化中药材种植养殖基地建设，做大独家品种、特色品种规模，走出一条差异化、特色化、集约化发展路子。大力发展中药配方颗粒，提升三七、天麻、灯盏花等提取物发展水平，推动中药走现代化、特色化之路。

## 南国神草——云南三七

在云南文山这片神奇的土地上，生长着一种神奇的植物（称为三七、田七、金不换），它起源于2.5亿年前，是第三纪古热带的残存之物。如此顽强的生命力，注定了它不平凡的地位，世人将它称为南国神草。

相传，远古时期云南文山洪水泛滥，满目疮痍，瘟疫四虐。天上的仙女听说了在神秘险峻的老君山里面有一种仙草，长有3个叶柄，每个叶柄有7片叶子，3年一结红籽，这种神奇的植物能救人的性命。为了拯救民间的疾苦，仙女踏上了寻找仙草的路。跋山涉水，历经艰辛，仙女终于找到了传说中的仙草，救治了文山的百姓。为了纪念仙女和救命的仙草，百姓们就把这种植物命名为三七。

根据史料记载，明代著名医药学家李时珍在《本草纲目》中记载“三七，能治一切虚症”，称其为金不换。三七内略带苦味的皂苷及其他有效成分，有清洁血液、促进血液循环的功效，其作为活血化瘀药物，可预防治疗冠心病、心绞痛、脑血栓等血液系统疾病。三七有其独特的环境喜好，喜欢冬暖夏凉的气候，不耐严寒与酷热，喜半阴和潮湿的生态环境。因此，全世界95%以上的三七产自文山和周边极少数地区，海拔在1500—1800米、北纬23.5°附近的狭窄地带。这里居住的人们祖祖辈辈种植三七。其根、茎、叶子、花、果实都可以入药。伴随着阵阵药香，三七早已渗入人们的日常生活之中。

三七是福建中药秘方片仔癀中的重要成分。片仔癀源于明代宫廷的秘方良方，据临床证明，对肝炎、胆囊炎、跌打、烧伤、无名肿痛等均有独特功效。李时珍的《本草纲目》中记载，三七产于南方深山，既稀少又珍贵，

三七种植（张　彤/摄）

用三七入药传入宫廷再配制成方，用特殊工艺制作成片仔癀，后定为宫廷药方。目前，片仔癀公布了部分配方，包括麝香3%、牛黄5%、三七85%、蛇胆7%，由此可见文山三七正是片仔癀中最重要的成分。三七也是云南白药的主要成分。1908年，云南药王曲焕章通过实践，应用他祖传的一些原理，将文山三七作为云南白药的主要成分。战争年代，云南白药是最好的刀枪伤药，在战场上，救死扶伤，常常能把一个战士从死神手里抢回来。在那个动荡的年代，三七产量不高，显得弥足珍贵，甚至比金子都贵重得多，金子都换不来，故称其为“金不换”。

文山三七红满园（熊平祥/摄）

## 神奇的白色粉末——云南白药[①]

云南白药前身被称为百宝丹，是专门用于伤科治疗的中成药散剂，至今已有100多年历史。百宝丹的白色药末具有很强的消炎止血、活血化瘀功能，后来人们根据它的外观把它叫作——白药。

据史料记载，出生于1880年的云南人曲焕章在前人和民族民间药方的基础上，经过不断的实践，于1902年研制出一种名为百宝丹的创伤药，那时他年仅22岁。1916年，曲焕章将百宝丹、虎力散、撑骨散送至云南省警察厅卫生所检验观察，以期将之申请为正式的药品。卫生所检验合格后，曲焕章送来的药品获得批准，曲焕章将之命名为“曲焕章万应百宝丹”，并在昆明售卖。1955年，曲家人将云南白药秘方献给了云南省政府，次年国务院保密委员会将该处方、工艺列为国家保密范围。1984年8月，国家中医药管理局将云南白药配方、工艺列入国家绝密。云南白药处方现今仍然是中国政府经济知识产权领域的最高机密。

曲焕章生于云南省江川县（现为江川区）赵官村的一个农民家庭，家中贫困，父母早逝，由祖母与姐夫抚养长大，其医学基础也是幼时从姐夫处学得的。他成了一名郎中后，由于医术不凡且为人仁厚，在当地也算是小有名气。百宝丹被正名前，许多百姓便对曲焕章研发的百宝丹认可有加，尤其是云南地方的土匪“皇帝”吴学显更是因此而视曲焕章为救命恩人。1919年，吴学显在护法战争中右腿中弹，被送往多个西医院都被告知必须截肢保命。在没有别的办法的情况下，吴学显找到曲焕章。曲焕章使用神药百宝丹，让吴学显保住了腿也保住了命。吴学显对曲焕章的医术惊叹

---

①《关于云南白药的前世今生》，搜狐网，2020年3月15日。

不已，曲焕章与他的百宝丹也因此名扬昆明，曲焕章有了“神医”与“药王”之称。经过多年研究，曲焕章用原有的百宝丹与其他药物配合，使得新一代百宝丹功效达到最大。后来，曲焕章把新药送往生产，并建立了自己的大药房，曲焕章也因此获得一幅牌匾“白药如神”。

云南白药在名扬天下后立下过不少汗马功劳。抗日战争爆发后，曲焕章为支持国家抗战，无偿捐献出一批百宝丹。这批百宝丹治愈了上万名中国士兵的枪伤。1938 年 3 月，台儿庄战役。在中方军队的阵营里，一支来自云南的部队让人惊讶。他们头戴法式钢盔，脚踏剪刀口布鞋，作战十分骁勇。他们都随身携带一小瓶白色的粉末，一旦受了伤，不管伤势如何，只要还能动，就不打绷带、不坐担架，只把这白色的粉末，或吃一点，或外敷一点，又可上阵拼杀。台儿庄一役，不仅打出了滇军的威名，也让曲焕章的百宝丹声名远扬。蒋介石为表彰曲焕章，亲笔挥毫写下“功效十全”的牌匾。红军长征经过滇南一地时，夺得国民党的一批白药，后分配给各军团。依靠曲焕章的云南白药，很多红军伤兵都痊愈良佳。

今天的云南白药，经由现代科技的研究打磨，已经能够治疗上百种疾病伤痛，被西方人称为“中国神药”。2015 年，由国家工商行政管理总局、世界知识产权组织共同举办的中国商标金奖颁奖大会在上海召开，云南白药喜获中国商标金奖（运用奖），被世界知识产权组织认可。2015 胡润品牌榜 200 个最具价值的中国品牌中，云南白药位列 11 个医药保健品行业榜首，品牌价值达 185 亿元。

### （三）红土地绽放的精灵

“无野菌，不云南。”野生菌是大自然对云南的珍贵馈赠。每年雨季，这些可爱的精灵从广袤的山林中蹦出，成为大自然丛林中最亮丽的一道风景。云南幅员广阔，不同海拔和地形导致各地的生境、气候和湿热条件有着很大的差异，菌子的品种也显著不同。在39万多平方千米的云岭大地上，野生菌们悠然自得地生长着，它们尽情地吸吮着天地的灵气和日月的精华。云南野生菌有2个门11个目35个科96个属850多个品种，占世界的43%，占全国的91%，居全国首位。云南是世界野生菌种类最多、产量最高的地区之一。野生菌年均蕴藏量在50万吨以上，几乎覆盖全省所有县（市、区）。[1]云南食用菌出口到欧洲、日本、韩国等20多个国家和地区，出口创汇额在云南农产品中的排位仅次于烟草、咖啡和蔬菜。

云南是野生菌的王国，全省几乎没有不产野生菌的地方。汪曾祺先生曾说：“雨季一到，诸菌皆出，空气里一片菌子气味。无论贫富，都能吃到菌子。”每年夏天雨季来临，一阵太阳一阵雨过后，厚厚土层中的野生菌便从泥土里探出头来，如雨后春笋般地露出娇嫩的菌帽。它们就像精灵一样藏在叶下、草间、树根处，或者独自小酣，或者成群结队、挤挤攘攘。然后几乎是在一夜间，就从小不点摇身变成了大块头。

在菌子季，云南每一座山上都有采菌人，他们清早踏着露水上山，走几十里的山路，背着竹筐，仔细地在山林中寻找。盛产野生菌的大山里，会在同一个地点源源不断地生长出一丛丛的野生菌，山里人称之为“菌窝子”。捡菌人会牢牢记住自己的菌窝子，每天满载而归。学者冯

①《云南野生菌种类和自然产量居全国之首》，云南日报网，2018年5月17日。

来自云南大山深处的山珍（曹津永/摄）

至在西南联大教书时曾在昆明杨家山林场居住，他写下了20世纪40年代人们采菌子的情景："下了一夜的雨，第二天太阳出来一蒸发，草间的菌子，俯拾皆是：有的红如胭脂，青如青苔，褐如牛肝，白如蛋白，还有一种赭色的，放在水里即变成蓝的颜色。我们望着对面的山上，人人踏着潮湿，在草丛里，树根处，低头寻找新鲜的菌子。"

夏季，一定要来云南吃野生菌，除了避暑，怎能忘记舌尖上的快乐呢？云南食用野生菌是天然的绿色食品，富含多种维生素、优质蛋白及其他有益于人体的成分，营养丰富，风味独特，有的食用菌还有治疗癌症和多种疾病的药理作用。鸡㙡、干巴菌、青头菌、牛肝菌、鸡油菌、羊肚菌、虎掌菌……这些散发着乡土气息的名字，以让人难以抗拒的鲜香和奇异的味道，被请入家家户户的厨房，成为云南人餐桌上每年都必不可少的山珍。

松茸是极为珍贵的野生真菌，菌肉嫩白肥厚，味道特别，有独特而浓郁的香气。一朵当天在云南收购的松茸，6个小时之后就会以9—10倍的价格，出现在北上广的超级市场中。相比起松茸的金贵，鸡㙡是相对亲民的美味山珍。鸡㙡在每一个云南人的心中，都不输初恋。鸡㙡和白蚁共生，长鸡㙡的地下一定有一个庞大的白蚁王国。懂得万物生生相息的山民们总会在摘完鸡㙡后小心地用树叶盖住蚁巢，防止破坏，只有这样才能不断得到自然的馈赠。羊肚菌是可以化腐朽为神奇的食材。不管烹制什么，只要加了一点儿羊肚菌，都会增添独特的鲜美奇香。牛肝菌是云南最常见的、家族庞大的菌种之一，可煮、可炒、可油炸。黄牛肝菌和黑牛肝菌最为鲜香，菌肉肥厚，香甜可口。青头菌都是成对出现，深林中只要发现一朵，在不超出1米范围内必定能发现另一朵。其入口细嫩，香味悠长，具有浓郁的大自然清香气息。干巴菌刚出土时呈黄褐色，炒熟时变成黑褐色而且有一股酷似腌牛肉干的浓郁香味，故得名干巴菌。

云南野生菌中超过 80% 的是菌根真菌，主要为共生型真菌，包括松茸、牛肝菌、块菌等，这类真菌必须与林木等植物共生，目前还不能人工栽培。丰富的森林资源为野生菌生长提供了优良的环境。森林中本身就有许多的腐生类食用菌，通过人工管护和仿生栽培可以有效增加腐生食用菌的产量，且不影响生态，生产成本低，经济效益好。无论是野生食用菌还是栽培食用菌都能在云南找到“家”。云南野生菌种类最多的是滇南地区，产量以滇中及滇西北最大，形成了楚雄南华野生菌美食

广受消费者追捧的野生菌[1]

①图片引自雷克萨《菌心狂欢节探访云南野生菌市场》，载《博物》，2017年第9期。

文化节、玉溪易门县野生食用菌交易会等平台，以及南华“野生菌小镇”、易门“野生菌之乡”、香格里拉野生松茸等野生菌品牌及集散地，夯实了“云菌”品牌，扩展了云南食用野生菌饮食文化。近年来，云南多地通过线上销售，让菌味“走”出云南，“走”向全国，让“山中珍馐”成为大家舌尖上的鲜香美味。

以野生食用菌为主的云南食用菌产业蓬勃发展。2019年，云南出产的食用野生菌已达到65.9万吨，云南野生菌产量、产值均排名全国第一。食用菌交易大宗品种有松茸、牛肝菌、羊肚菌、鸡油菌、块菌、干巴菌、奶浆菌等；每年云南栽培菌产量约30万吨，原始产值约20亿元。目前，昆明已成为全国野生食用菌交易集散中心，每年四川、西藏、贵州、陕西、广西、湖南、湖北等地都有一定数量的野生菌在云南交易。

玉溪市易门县距离昆明100多千米，有“菌乡”的美誉，每到出菌时节都能吸引大量外地食客前来品尝购买。易门林地面积达170.69万亩，林下野生菌资源丰富，野生菌约400种，可食用的有100多种，野生菌年交易量6000多吨。得天独厚的野生菌资源，为当地食用菌产业的发展提供了源源不断的动力。野生菌采收季，云南易门益生绿色食品有限公司要从各地收购近3000吨野生菌进行加工，主要有松茸、羊肚菌、牛肝菌等野生食用菌。这些年来，云南野生菌美名远扬，在稳定和修复森林生态系统的同时，有效促进了山区群众脱贫增收。

五街镇是楚雄州南华县野生菌的主产区之一，森林覆盖率达69.02%，以松茸为主的野生菌资源十分丰富。为保护好珍贵的林下资源，南华县制定出台了《关于加快野生菌产业发展的意见》，在全省率先实施“松茸采集方法”“牛肝菌采集方法”两项地方标准，坚持“封山育菌”与“封山育林”相结合，通过明晰权责、强化教育引导和培训，对松茸实行持证采摘，实现了资源保护与开发的有机统一、良性互动。

云南有多家从事食用菌基础和应用研究的高校及科研单位，包括中科院昆明植物研究所、云南省农业科学院、云南农业大学、云南热带作物研究所、云南大学等，以及相关州（市）农（林）科院所，在野生菌系统分类、资源保护、人工繁育、菌种合成及仿生栽培、引种驯化等方面取得了一系列科研成果，在全国野生菌研究中处于领跑地位。例如：在大型真菌分类、系统发育研究方面处于世界先进水平，有些还达到了世界领先水平；在野生资源收集利用、野生食用菌保育促繁方面研究处于全国领先水平；金耳和暗褐网柄牛肝菌的驯化栽培处于世界先进水平。[①]云南建成了全国第二大野生菌标本馆，保存标本10万余份，建成了野生菌种质资源库，保存菌种500余种1.5万余份；建成了世界上最大的虫草标本馆，保存虫草菌种近500种、标本2万余份。

## 从林间“飞”入“舌尖”——滇西北松茸

2021年8月5日，顺丰航空CSS7194次航班平稳安全降落在云南省迪庆藏族自治州香格里拉机场，标志着迪庆—昆明—深圳全货机航线正式开通。这是中国第一条专门运输松茸野生菌的全货机航线，为迪庆州松茸“飞”入“舌尖”架起空中桥梁。中国各地的美食爱好者将以更低的价格、更快的速度品尝到松茸这一雪域山珍，而迪庆当地以收售松茸为主要经济来源的百姓也能借助航空直运平台增加收入。在整个松茸季，按照每天1班航班的计划执行，雪域高原松茸将在24小时内快速到达中国61个以上主要城市，48小时覆盖中国200多个城市，极大地提升了松茸运输的时效

①《云南野生菌种类和自然产量居全国之首》，云南日报网，2018年5月17日。

大山里的精灵（网络图片）

舌尖上的松茸（郭　娜/摄）

性，保障了松茸的品质。[1]

松茸也叫松蕈，是一种长在松栎等松科类树下的可食用野生菌。它有一股浓郁的、独特的香味，有“万菌之王”的美誉。松茸主要生长在海拔2500米以上的原始森林，适应比较干燥的土壤。松茸对生长环境的要求极为苛刻，只在没有被污染过的高海拔原始森林中才能生长，且至今仍然无法实现人工培育。我国松茸主要分布在云南、四川和西藏，云南省迪庆藏族自治州所产的松茸更是闻名全国。松茸同时还是一种药用野生菌，在世界范围内都是珍贵稀有菌种。松茸营养价值颇高，富含蛋白质、微量元素等营养物质，还有3种极其珍贵稀有的活性物质——松茸多糖、松茸多肽和松茸醇。

迪庆州位于云南省西北部，滇、藏、川三省区交界处，是中国乃至全世界的松茸主产区，是世界“松茸之乡”。迪庆松茸以菇体肥大、肉质细嫩、久香味浓、色泽美好等特点而闻名中外，是迪庆州唯一的大宗出口商品，占云南省鲜松茸出口量的65%以上，也是迪庆各族农民脱贫致富的主要经济来源。

天还未亮，家在普达措国家公园内洛茸村的村民诺杰便早早起床，喝一碗酥油茶，吃些糌粑，便立刻出发，向国家公园内森林深处进发。为了能采摘到品质上乘的松茸，整个松茸季，诺杰和乡亲们都保持着早早进山的习惯。捡松茸是一件辛苦的事，运气占了很大成分。每年雨季后松茸才开始出现，而大雨经常把山上头年所走过的山路冲刷了一遍，所以，即使对森林很熟悉的村民，也无法精确地定位松茸的位置。藏族村民采摘松茸时小心谨慎，锁定目标后，用巧劲不用蛮力，用随身带的木棍轻轻一撬，

---

①《迪庆—昆明—深圳全货机航线正式开通助力松茸出滇》，云南网，2021年8月5日。

一只形态完整的松茸便出土了。随后，农户们细心地将松茸包裹起来收好，保存好它的自然鲜味。采完后，还要小心地把菌坑掩埋填好，这样菌丝才不会被破坏，下个雨季，它们还会重生。每天下午4—5点，松茸收购商来到不同收购点，根据松茸大小、品质分类收购，现场付钱。迪庆州松茸保护与发展计划领导小组办公室发出倡议，呼吁全民共护松茸资源，确保科学采集、规范收购；倡议各县（市）、乡镇松茸产地村组将松茸资源保护与采集纳入村规民约；全民相互监督，做到文明采集、科学采集。

收购松茸（郭　娜/摄）

# 三 生命乐园

拥有得天独厚的生物多样性是大自然对云南的馈赠，守护好这个丰富珍贵的生命乐园是云南的责任和义务。云南高度重视生物多样性保护工作，将生物多样性保护纳入全省经济社会发展全局。各级党委、政府认真贯彻落实习近平生态文明思想，牢固树立绿水青山就是金山银山理念，把保护良好的生态环境和丰富的生物多样性作为生态文明排头兵建设的重要内容，实行最严格的生态环境保护制度，完善生物多样性保护体系，抢救性保护了一大批珍稀濒危物种，严厉打击生物资源破坏活动，生物多样性保护能力不断增强，保护成效显著，高质量发展、高水平保护的格局正在形成。

成立了云南省生物多样性保护委员会，各州（市）先后建立了相应的工作协调机制；建立健全与生物多样性保护相关的法律法规及政策体系，率先颁布了全国首部生物多样性保护地方性法规——《云南省生物多样性保护条例》；先后完善、制定了《云南省陆生野生动物保护条例》《云南省自然保护区管理条例》《云南省珍贵树种保护条例》《云南省湿地保护条例》《云南省国家公园管理条例》等一批生物多样性保护地方性法规；将生物多样性保护及相关内容纳入国民经济和社会发展规划，制定了生物多样性保护相关规划。在各级各部门和社会各界的共同努力下，加强管理，加大投入，积极保护，取得了明显成效，生物多样性保护工作走在全国前列。

## （一）守住生命的灵光

为了维持自然界的生物多样性，保障各个尺度上的生态系统健康和安全，采用就地保护方式对于大多数物种来说都是长期保护生物多样性的最理想策略。云南着力构建以国家公园为主体的自然保护地体系，切实加强生物多样性就地保护并取得了显著成效。自然保护区作为就地保护最有效的场所，保护了以森林、湿地、野生动植物、自然景观、文化遗产和地质遗迹等全省大部分典型自然资源，初步形成类型齐全、布局有序、结构合理、功能完备的自然保护区网络体系。全省大部分特有和典型自然生态系统、重要物种和自然景观资源在保护区内得到保护。

1958 年云南建立第一个自然保护区西双版纳自然保护区以来，已经建立了国家公园、自然保护区、森林公园、地质公园等 11 种类型的自然保护地共 362 处；建立自然保护区共 166 处，总面积 286.74 万公顷，占全省总面积的 7.3%，其中国家级自然保护区 20 处、国家公园体质试点 1 处。列入《国际重要湿地名录》、世界文化和自然遗产名录、世界生物圈保护区网络、世界地质公园网络等的国际保护地有 11 处。全省 90% 的典型生态系统和 85% 的重要物种得到有效保护。针对云南蓝果树、西畴青柑、华盖木、弥勒苣苔、滇藏榄、漾濞槭等分布于保护地外的极小种群野生植物物种，建立了 10 余个保护小区（点）。[①]

除各类保护地外，云南共有生态公益林面积 12.70 万平方千米，占全省总面积的 32.2%。划定生态保护红线 11.84 万平方千米，占全省总面积的 30.9%。2019 年，全省湿地面积 61.44 万公顷，其中自然湿地面积 40.53 万公顷；与 2012 年相比，湿地面积增加 5.09 万公顷，增加率为 9.0%。认定并公布省级重要湿地 31 处，建立了以湿地自然保护区、湿地公园为主的湿地分类分级保护体系，全省湿地保护率达到 53.0%，

①云南省生态环境厅：《云南生物多样性白皮书（发布稿）》，2020年5月22日。

高黎贡山国家级自然保护区内的人工秃杉林（陈　飞/摄）

增加 16.9%。

结合云南生态系统类型的典型性、特有程度、特殊生态功能以及物种的丰富程度、珍稀濒危程度、受威胁因子、经济用途、科学研究价值等因素，划分了6个生物多样性保护一级优先区域和18个二级优先区域，涉及 16 个州（市），101 个县（市、区），总面积约 9.5 万平方千米，占全省区域面积的 23.8%，分别是：滇西北高山峡谷针叶林区域、云南南部边缘热带雨林区域、滇东南喀斯特东南季风阔叶林区域、滇东北乌蒙山湿润常绿阔叶林区域、澜沧江中游－哀牢山中山湿性常绿阔叶林区域、云南高原湿地区域。

2013 年，云南在全国较早发布了《云南省生物多样性保护战略与行动计划（2012—2030 年）》，此外还先后颁布《云南生物多样性保护工程规划（2007—2020 年）》《滇西北生物多样性保护规划纲要（2008—2020 年）》《云南省生物物种资源保护与利用规划纲要（2011—2020 年）》《云南省极小种群物种拯救保护规划纲要（2010—2020 年）》《云南省实施生物多样性保护重大工程方案（2016—2020 年）》《云南省生物多样性保护优先区域规划（2017—2030 年）》等一系列规划。实施国土空间用途管制，出台《云南省主体功能区规划》，将全省 19.5% 的国土空间划为禁止开发区域，全省 37.9% 的国土空间划为限制开发区域。其中，滇西北、南部边境、哀牢山及无量山等划为以生物多样性保护功能为主的区域，落实差异性的发展政策。2018 年，出台了《云南省生态保护红线划定方案》，进一步深化了主体功能区制度，全省 15.4% 的国土空间划为以生物多样性保护为主的区域。

## 普达措国家公园

云南率先在全国开展了国家公园新型自然保护地模式的研究、探索和实践。1996 年，与美国大自然保护协会（TNC 中国部）合作首次开始了国家公园生态保护地模式探索，这也是中国引入国家公园建设理念的开始。2007 年香格里拉普达措国家公园正式挂牌，2017 年普达措国家公园被列入我国设立的 10 个国家公园体制试点之一，为保护好滇西北重要自然生态系统的原真性与完整性，为全国国家公园建设提供了宝贵的普达措经验。

香格里拉普达措国家公园位于云南省迪庆藏族自治州香格里拉市境内，是“三江并流”世界自然遗产的核心腹地。公园总面积为 602.1 平方千米，以高山湖泊、雪山草甸、原始森林、地质遗迹、民族风情、宗教

**普达措国家公园（李　勇 / 摄）**

保护区内飞翔嬉戏的黑颈鹤（王　勃/摄）

文化为主，融丰富的生物多样性、景观多样性、文化多样性为一体，以其独特性、珍稀性、不可替代性和不可模仿性著称。国家公园内地质构造复杂，断裂、褶皱较多，主要地貌类型有高原面、山地、河谷、盆地（坝子）、冰川和冻土地貌、岩溶地貌、构造地貌等7种地貌类型及其组合特征。国家公园海拔介于2300—4670米，海拔高差大，区内包括了森林、灌丛、草甸、湿地等多种生态系统，植被类型丰富多样。

普达措国家公园属于亚高山寒温性针叶林带，共有种子植物485种，常见的国家和省级重点保护珍稀濒危植物有松茸、油麦吊云杉、金铁锁、长苞冷杉、桃儿七、拟耧斗菜和穿心莛子藨等7种。云南八大名花中，有杜鹃、绿绒蒿、龙胆花、报春花等。除了植物，普达措还有国家级重点保护珍稀濒危动物30种。其中，一类保护动物有豹、林麝、马麝、黑颈鹤、绿尾虹雉、斑尾榛鸡、雉鹑、胡兀鹫8种，二类保护动物22种。

近年来，陆续实施了全省森林、湿地、草地资源调查，掌握了各类生态系统基本情况和质量状况；陆续开展重点区域或重要类群的调查或综合科学考察，形成了一系列调查研究成果。如，滇西北及滇西南县域生物多样性本底调查与评估、横断山综合考察、西双版纳自然保护区等综合科学考察、云南国家重点保护野生植物调查、极小种群野生物种调查等。在长期调查研究的基础上，发布了一系列生物多样性调查编目，如《云南省生物物种名录》（2016版）、《云南省生物物种红色名录》（2017版）、《云南省生态系统名录》（2018版）、《云南省入侵物种名录》（2019版）等；出版了全省性志书，如《云南植被》《云南湿地》《云南森林》《云南植物志》《云南野生珍稀植物》《云南两栖类志》《云南鸟类志》《云南鱼类志》《云南森林昆虫》等；出版了区域性志书，如《独龙江地区植物》《西双版纳高等植物名录》《高黎贡山植物》《云南德宏州高等植物》《滇东南红河地区种子植物》《云南东南部有花植物名录》《云南哀牢山种子植物》《西双版纳动物志》等。[①]

建立生态功能区转移支付制度。将129个县（市、区）全部纳入生态功能区转移支付补助范围，2016—2018年，省财政分别下达各地生态功能区转移支付资金44.83亿元、51.51亿元、64.03亿元，年均增幅达19.5%。

建立流域横向生态保护补偿机制。自2016年起，在南盘江流域探索建立省内流域横向生态保护补偿试点。2018年初，云南与四川、贵州共同签署《赤水河流域横向生态保护补偿协议》，在中国率先建立多省间流域横向

①云南省生态环境厅：《云南生物多样性白皮书（发布稿）》，2020年5月22日。

属都湖（彭　刚/摄）

生态补偿机制；在省内涉及长江流域的州（市）开展横向生态补偿，逐步扩大至南盘江、澜沧江、怒江流域；制定《云南省促进长江经济带生态保护修复补偿奖励政策实施方案（试行）》《建立赤水河流域云南省内生态补偿机制实施方案》，为下一步启动云南境内其他流域补偿方案、与下游各省（区、市）建立长江干流以及珠江等流域横向生态补偿机制提供借鉴。

建立野生动物肇事补偿制度。率先在全国建立野生动物肇事商业保险机制，率先构建"政府＋市场"的损失补偿方式，启动野生动物肇事公众责任保险试点。2014 年，野生动物肇事公众责任保险覆盖全省。2014—2018 年，野生动物公众责任保险合计投入保费 29091 万元，核定野生动物肇事保险案件 102075 件，为 10 余万起动物损害事件进行赔偿。

加大执法力度，有效打击野生动植物破坏及走私。组织开展了"候鸟行动""天网行动""绿剑行动""天保行动""春雷行动"等一系列严打行动，对走私、贩运、破坏生物资源等违法活动进行专项整治，严厉查处非法销售、收购国家重点保护野生动植物及其产品的违法违规行为，查处了一批濒危物种重特大走私案件。在新冠肺炎疫情暴发后，云南全面排查了野生动物人工繁育场所，全面禁止野生动物展演、交易等相关活动。云南省人民检察院等六个部门联合发布通知，严厉打击非法猎捕、杀害以及相关物种走私、非法收购、运输、出售珍贵、濒危野生动物及其制品等违法犯罪行为，积极开展野生动物保护领域公益诉讼等工作。云南省林草局联合相关部门紧急印发《关于加强边境野生动物资源保护管理的通知》，要求开展边境综合治理。

强化执法监管，生物多样性保护成效得到落实。全省建立了公安、海关、生态环境、林业草原、农业农村等多部门合作的协调机制，不断加大对破坏生物多样性违法活动的打击力度和物种资源出入境的执法检查力度。强化检察机关提起公益诉讼，加大检察公益诉讼与生态环境损害赔偿诉讼衔接，设立专职环保警察队伍，形成防范和打击环境违法犯罪活动的工作合力。法院积极推进环境资源审判专门化建设，已设立18个环境资源审判庭。2017年，全年共受理并审结各类环境资源刑事案件1750件，在全社会形成了有力震慑。先后部署开展了“金沙江流域（云南段）生态环境和资源保护专项行动”“检察机关生物多样性保护专项活动”，集中查办了一批非法围租养殖、盗伐滥伐林木、非法捕杀野生动物及贩卖野生动物制品的公益诉讼案件。截至2019年，全省检察机关在环境资源领域发出诉前检察建议6375件。会同贵州、四川、重庆等省市检察院建立了赤水河、乌江流域跨区域生态环境保护检察协作机制并开展巡河活动。

## 滇金丝猴的保护

滇金丝猴背披黑毛，臀部、腹部和胸部为白毛，黑白灰相间的绒毛在阳光下透出光环般的灿黄，脸蛋白里透红、又厚又肉的猩红色嘴唇，一双杏眼，上翘的鼻子，憨态可掬。滇金丝猴喜群居生活，通常数十只或百余只成群。一个族群中由多个一夫多妻制家庭组成。雄猴健康粗壮，雌猴则显得温顺，苗条娇美。滇金丝猴偶至针阔叶混交林中活动觅食，活动范围广，活动量大，行动迅速敏捷，主食为松萝、苔藓、地衣、禾本科和沙草科的青草，随着季节不同采食的植物种类也有一定变化。在云南迪庆白马雪山国家级自然保护区，时常看到很多松树长着“树胡子”。这些浅绿色的絮

滇金丝猴（和晓燕 / 摄）

状物，丝丝缕缕地挂在枝头，学名叫长松萝，是藻类和菌类共生的低等植物，它们附生在高大的乔木上。长松萝是滇金丝猴喜爱的食物之一，也是一种藏药和传统中草药，此外它对空气质量要求极高，只存活在极为纯净的空气中，故被称为天然的空气监测器。

最早对滇金丝猴进行科学记录的是法国传教士毕天荣（Biet）。1890年，他在云南省西北部的白马雪山开展狩猎活动，捕猎到了滇金丝猴。数年后的1897年，著名的法国分类学家爱德华对这些来自云南白马雪山的标本进行了整理和科学描述，将滇金丝猴以采集者传教士的姓“Biet”命名为一个新种发表。但从1897年以后，滇金丝猴在它的产地就已杳无音信，很多人都认为它已经灭绝。直到1962年，中国学者在野外科考中又发现了它的踪迹。中国政府高度重视对滇金丝猴的保护，于1983年建立了第一个滇金丝猴保护区——云南白马雪山国家级自然保护区，从而拉开了对这一珍稀濒危动物的保护行动序幕。特别值得一提的是，自成为1999年昆明世界园艺博览会的吉祥物之后，滇金丝猴的知名度急剧上升。

白马雪山国家级自然保护区内生存有全世界50%以上的滇金丝猴，分布着滇金丝猴8个种群，约1500只。国际自然保护联盟（IUCN）已把金丝猴的保护与研究列为亚洲灵长类的研究重点。为了保护这一珍稀物种，2009年在迪庆州维西县塔城镇响谷箐建立了滇金丝猴国家公园，合围面积达334.16平方千米。这里拥有全世界规模最大的滇金丝猴种群，并建有科考基地。这是中国唯一的以滇金丝猴的保护、繁育、科研为主题的国家公园。中国已经把“金丝猴保护工程”列入其15个野生动植物专项保护工程之中。近年来，通过建立野生动物救护站和加强野生动物管护，在监测中进行人工投食和人工干预分群的科学研究，滇金丝猴栖息环境保护和种群恢复取得了明显成效。

滇金丝猴家族（陈　飞/摄）

## 亚洲象群北迁“奇游”

2021 年 4 月中旬开始，原生活栖息在西双版纳国家级自然保护区的 17 头亚洲象从普洱市墨江县迁徙至玉溪市元江县。4 月 24 日，其中 2 头象返回普洱市墨江县，其余 15 头象继续向北迁移，途经红河州石屏县、玉溪市峨山县、玉溪市红塔区，随后进入昆明市辖区。该象群由 6 头成年雌象、3 头雄象、3 头亚成体象、3 头幼象组成。象群从“老家”西双版纳一路北上，迁移 110 多天，迂回行进 1300 多千米，几乎跨越了半个云南省。8 月 8 日，北移象群在人工干预下安全渡过元江干流南返至普洱境内，继续向适宜的栖息地移动。

迁徙中的亚洲象家族（网络图片）

截至8月8日，云南省共出动警力和工作人员2.5万多人次、无人机973架次，布控应急车辆1.5万多台次，疏散转移群众15万多人次，投放象食近180吨。象群总体情况平稳，沿途未造成人、象伤亡。野生动物公众责任险承保公司受理亚洲象肇事损失申报案件1501件，评估定损512.52万元。[①]

被誉为“陆地巨无霸”的亚洲象是我国一级重点保护野生动物，主要分布在云南普洱、西双版纳、临沧3个州（市），是亚洲现存最大和最具代表性的陆生脊椎动物，也是维持森林生态系统的“工程师”。经过30多年的拯救和保护，云南野生亚洲象种群数量由20世纪80年代初的193头逐渐恢复到了2001年的220多头，近年来又进一步恢复到了300头左右。

云南省亚洲象分布区的11个自然保护区中，10个属森林生态系统保护类型。随着保护力度不断加大，森林郁闭度大幅度提高，亚洲象的可食植物反而减少，不少象群逐步活动到保护区外取食，频繁进入农田地和村寨，增加了与人类的接触。随着亚洲象种群数量增长，其分布范围不断扩大。它们根据不同农作物、经济作物成熟时节，往返于森林和农田间，取食农户种植的水稻、玉米等作物，在食物匮乏时节，还会取食农户存储的食盐、玉米等。据统计，有2/3的亚洲象已走出了保护区生活，增加了管理和保护的难度，造成了“人象冲突”。

为缓解“人象冲突”，政府部门采取了为大象建“食堂”、为村民修建防象围栏、开展监测预警等措施，同时引入社会力量致力让村民在保护中受益，让社区参与保护，推动保护监测、栖息地修复。针对野象造成的人身伤害和财产损失，政府为群众购买了野生动物公众责任保险，尽力弥

①北移亚洲象安全渡过元江新闻发布会，云南省网上新闻发布厅，2021年8月9日。

补野象造成的损失。与此同时，近年来实施的亚洲象预警监测，也有效避免了多起野象伤人事件。

云南大学生态与环境学院教授陈明勇指出："亚洲象迁移扩散是常见现象，但以往都在一定范围的几片栖息地循环觅食、迁移，这次一路向北是非常罕见的。"象群一路向北走的原因尚未完全研究清楚。"针对这15头象，目前能做的只有及时预警、疏散群众，尽可能减少损失。"陈明勇说。在可控条件下，考虑在野象进入人口稠密区前，及时设障，进行投喂引导。专家团队仍在持续监测、研判，向主管部门提出科学合理的方案，保障人象安全。

西双版纳野象谷中的亚洲象（彭　刚/摄）

作为国际社会生物多样性重点关注地区，云南历来重视国际交流与合作，与邻国相关机构和国际社会一起携手保护生物多样性。积极引进国外先进的保护理念、管理模式、技术和资金，有力推动云南生物多样性保护事业的发展。2006年以来，云南加强与老挝、缅甸、越南等毗邻国家联合开展跨境生物多样性保护。建立了“中国西双版纳—老挝北部三省跨边境联合保护区域”，与老挝南塔省、琅勃拉邦省签署了《环境保护合作备忘录》；与缅甸签订了《中缅边境资源保护联防协议》，举办了“中缅森林资源保护与社区发展论坛”“中缅边境北段生物多样性保护与可持续发展合作研讨会”“中缅林业合作组第一次磋商”；与越南签署了边境林业及野生动植物保护合作协议。实施“生物多样性保护走廊行动计划”，在中老边境构建起了绿色生态长廊、野生动植物国际廊道，开展了西双版纳—老挝北部跨边境联合保护区域内亚洲象分布、栖息地和迁移路线等野外调查。积极利用世界银行、亚洲开发银行、欧洲投资银行等金融组织贷款，完成了“老君山生物多样性保护示范项目”“大湄公河次区域生物多样性保护廊道建设云南示范项目”等一大批生物多样性保护示范项目。与联合国开发计划署、联合国环境规划署、世界自然基金会、大自然保护协会等相关国际组织和机构合作，组织实施了可持续发展、雨林生态系统修复、滇西北生态保护与社区发展等一系列生物多样性保护项目。与多个国家建立了对话与交流机制，签署了加强环境保护的合作协议。

**（二）打造生物的方舟**

对于某些物种来说，就地保护模式是最好的选择。但是随着人类活动的不断增加，仅仅依靠就地保护模式对大多数稀有物种来说并不是一个切实可行的选择，因为还有很多因素会导致就地保护管理下的物种种群规模下降乃至灭绝，特别是当物种由于种群太小而难以维持，保护措施不能有效阻止其种群衰退，或者当最后留存的个体处于保护区以外时。在这种情况下，防止物种灭绝的最好方法就是迁地保护，也就是将个体生物置于人工环境下进行保护。①

云南积极开展巧家五针松、保山茜、馨香木兰、云南金钱槭、滇桐、三棱栎等极小种群野生植物的近地保护，先后建立近地和迁地保护基地(园)13个；已建立植物园、树木园10余个，如中国科学院西双版纳热带植物园、中国科学院昆明植物研究所植物园、香格里拉高山植物园等；建立动物园、野生动物园10余个，野生动物收容救护中心28个，如云南野生动物园、各保护区野生动物收容所等。始建于1938年的中国科学院昆明植物所昆明植物园已收集保育植物7000余种，形成了山茶、杜鹃、木兰、金缕以及极小种群植物等15个专类园，是云南高原和横断山区南段地区珍稀濒危植物、特有类群和重要经济植物的主要迁地保护场所。中国科学院西双版纳热带植物园，已经成为中国面积最大、收集物种最丰富、植物专类最多的植物园，作为西双版纳唯一的5A级景区，同时也是集科学研究、物种保存和科普教育为一体的风景名胜区。②

## 中国科学院西双版纳热带植物园

中国科学院西双版纳热带植物园坐落在由罗梭江环绕而成的葫芦岛上，距自治州首府景洪约70千米。如果说西双版纳这片富饶的土地上，有着占全国1/4的动物和1/6的植物，是名副其实的“动植物王国”的话，

---

①蒋志刚、马克平、韩兴国：《保护生物学》，浙江科学技术出版社1997年版，第296—298页。

②云南省生态环境厅：《云南生物多样性白皮书（发布稿）》，2020年5月22日。

那么中国科学院西双版纳热带植物园就是植物王国凤冠上一颗璀璨的绿宝石。植物园占地面积约1125公顷，共收集栽种植物13000多种，建有38个植物专类区域，同时还保存有一片面积约2.5平方千米的原始热带雨林。据不完全统计，植物园有属于国家保护植物的琼棕、矮琼棕、董棕、龙棕等在内的棕榈科植物458种，国家一级保护植物望天树，国家二级保护植物云南石梓、榆绿木，以及珍贵用材柚木、花梨木、滇南红厚壳等20多

西双版纳热带植物园（杨　峥/摄）

种热带珍稀用材树种。

中国科学院西双版纳热带植物园在热带植物资源的发掘利用、热带植物的引种驯化、人工植物群落等方面取得了120多项阶段性成果，为深入开展热带植物学研究打下了基础。人们沿着创始人蔡希陶先生所铺设的道路，已把这个植物园建成了国家知识创新基地、国家战略资源植物保存基地、国家科普教育基地、国家生态旅游基地和国家高级科技人才培养基地。

西双版纳热带植物园中的大王莲（杨泠泠/摄）

## 云南丽江高山植物园①

云南丽江高山植物园依托中国科学院昆明植物研究所建立，立足全球36个生物多样性热点地区之一的“中国西南山地”核心区域，是一个以植物种质资源保护以及生态环境长期监测为目的的研究基地，同时也是国家重大科学工程“中国西南野生生物种质资源库”的种质资源活体圃。主要目标是引种繁殖各类有重要科学意义和有经济价值的野生高山、亚高山植

①吴之坤、高富：《丽江高山植物园的前世今生》，中国科学院昆明植物研究所网站。

绳子草（和晓燕/摄）

物，成为开展植物引种驯化、传粉生物学、植物生态学和濒危植物就地和迁地保护等相关学科的野外研究场所，同时也是展示美丽的高山、亚高山植物的繁殖场所。

早在20世纪初，乔治·弗雷斯特、约瑟夫·洛克、弗兰克·金敦·沃德等世界著名植物学家就长期在丽江进行植物考察和标本、种子的采集工作。得天独厚的区位优势孕育了丽江丰富的物种资源。据统计，仅丽江玉龙雪山就约有藻类植物31科72属 196 种，地衣植物17科20余种，在苔藓植物中有苔类45种、藓类130种，蕨类植物约有220多种，种子植物2815种，有中国特有种38种，其中很多是享誉世界的名花、名药材和国家重点保护的珍稀濒危植物。这里是研究和保护中国植物资源特别是高山、亚高山植物资源不可多得的地区。

1958年昆明植物研究所建立了丽江高山植物园，1974年丽江高山植物园撤销，2000年中英合作复建丽江高山植物园。经过长期的建设，丽江高山植物园已取得了长足的发展，植物园园区内原生种子植物物种有900余种，近年从东喜马拉雅－横断山区域引种500多种有经济价值的植物至丽江高山植物园进行活体保存，特别是报春花属及杜鹃花属各引种近百种。同时，在玉龙雪山云杉坪建立了25公顷的寒温性云冷杉林动态监测大样地以及在滇西北地区建立了30个点的动态监测卫星样地，这些样地的建立，对于监测全球气候变暖对植被变化的影响以及森林植被演替的过程和规律将起到非常好的支撑作用。

此外，云南还积极开展外来生物入侵预防与控制，把生态安全屏障建设摆在突出位置。联合国发布的《生物多样性和生态系统服务全球评估报告》指出，1970年以来每个国家入侵的外来物种数量增加了约

70%，外来物种入侵已成为过去 50 年对全球生态系统产生严重影响的五大因素之一。云南由于特殊地理位置和气候条件等因素，成为我国遭受外来生物入侵最为严重的地区之一。云南外来入侵物种的侵入途径分为三个方面：自然扩散，如紫茎泽兰随公路沿线扩散进入云南境内；无意引入，如美洲大蠊随进口商品贸易带入；有意引入，如马缨丹是作为观赏植物引进。[1]《云南省外来入侵物种名录》（2019 版）整理发布，云南省境内发现的蕨类植物、被子植物、软体动物、甲壳动物、昆虫、鱼、

①李飞跃：《云南外来入侵生物预防与控制》，科学出版社2014年版，第3—4页。

玉溪抚仙湖调蓄带（陈 飞 / 摄）

两栖动物、爬行动物、鸟、哺乳动物等类群的外来入侵物种共计 441 种及 4 变种。

2019 年 5 月 22 日国际生物多样性日，云南省生态环境厅联合中国科学院昆明植物研究所、昆明动物研究所在全国率先发布了《云南省外来入侵物种名录》（2019 版），在《云南省生物物种名录》（2016 版）《云南省生物物种红色名录 》（2017 版）的基础上，以云南省分布的外来入侵植物、动物为对象，通过现有资料和数据的整理整合，补充近年来的野外调查结果，建立起了云南省外来入侵物种数据库。编撰了

《云南农林外来入侵生物物种名录》，构建了云南外来入侵有害生物物种和 21 种危险性重要有害生物信息数据库，为云南外来入侵有害生物信息查询、物种鉴定与管理提供了基础平台。

云南与缅甸、老挝、越南接壤，是中国面向南亚东南亚开放的前沿，全省 25 个国家一、二类口岸承担着维护国家主权和国家安全的任务，是对外开放和国际交往的重要门户，同时也是防治有害生物入侵的重要屏障。由于周边地区植物疫情复杂，外来有害生物通过云南口岸入侵的风险较高。云南自 20 世纪 80 年代初期以来先后在昆明、瑞丽、畹町等口岸建立了植物检疫机构，每年疫情检出批次达上千次。通过检疫措施有效防止了包括非洲大蜗牛、巴西豆象、灰豆象、双钩异翅长蠹、香蕉穿孔线虫、鳞球茎线虫等多种有害生物的入侵。

云南十分重视有害生物监测预报工作，建立健全了省、市、县、乡、村五级调查和监测体系，发挥国家级中心测报点的带动辐射作用，坚持信息上报、发布和联系报告制度，定期发布中长预报和短期生产性预报，预测预报准确率不断提高，为有害生物防治提供了科学依据。强化外来入侵物种监测预警体系建设。加强与境外相关部门的技术交流，利用大数据、“互联网＋”等技术开展风险分析和预判。例如，与云南相毗邻的边境地区气候属于热带和亚热带季风气候，瓜果资源丰富，这些丰富的水果和蔬菜为实蝇的适生和繁衍提供了条件。为严防外来实蝇的传入，在边境沿线水果农场、果园、蔬菜基地和边贸市场设置了监测点，加强对边境地区进境水果和蔬菜的检疫管理。

### 抚仙湖消除福寿螺

福寿螺原产于中美洲的热带和亚热带地区，在人为引种传入中国台湾南方部分地区及东南亚国家，进而通过放生、人工养殖等方式侵入中国其他地区。福寿螺多栖息于水质清新、饵料充足的淡水浅水区，以植物性饵料为主。福寿螺繁殖力极强，雌雄异体，可以快速繁殖，一次可以产卵上千粒，在各个地方留下粉红色的卵块。由于福寿螺失去了原有天敌的制约，对水稻、莲、茭白、芋头、荸荠、菱角、芡实、蕹菜等水生作物危害甚大。生态环境部将福寿螺列为重大危险性农业外来入侵生物之一。福寿螺贝壳外观与田螺相似，是很多疾病和寄生虫的载体，如果被误食或未熟透食用，会对人类健康产生严重威胁。云南福寿螺入侵特别严重，因为气候适宜，很多水域被福寿螺占领。

近年来，在中国蓄水量最大的深水型淡水湖玉溪市澄江抚仙湖的湖泊和径流区域的水田、湿地、生态调蓄区、河道、湖畔沿线都发现了大量的福寿螺，对当地的环境产生了特别严重的威胁。2019年10月，澄江县人民政府发布了《关于抚仙湖径流区清除福寿螺的通告》，宣布在年底前基本完成一次全面的清除活动。澄江县成立了由县政府分管领导为组长，县农业农村局、抚仙湖管理局、生态环境局、水利、林草以及各镇（街道）等部门主要负责人为成员的福寿螺管控工作领导小组，全面负责和指导福寿螺清除工作，争取有效遏制福寿螺生长繁殖蔓延态势。各镇（街道）成立相应管控机构，切实履行属地责任。在抚仙湖入湖河道口、湿地入湖口、生态调蓄带入湖口安装阻隔网，严防福寿螺进入抚仙湖湖岸线；开展人工捕螺摘卵，彻底根除福寿螺；收割湿地内的水生植物，阻断福寿螺的产卵条件；在抚仙湖径流区内的所有河道、沟渠、湿地、生态调蓄带开展彻底的清淤行动，消除福寿螺的越冬场所，减少冬后残螺量。鼓励当地群众参与福寿螺清除行动。

# 和谐之美

Chapter III　Beauty of Harmony

从历史到现实，云南各民族基于多元地理环境发展出了多样性的生态文化。改革开放以来，云南基于省情的新定位，牢固树立“生态优先”理念，坚定不移走“绿色发展”之路，从上到下不断推进生态文明建设，生态文明建设的制度体系不断完善，民众以实际行动积极参与生态文明建设的自觉性逐步培育。正是在各族儿女的精心守护与呵护之下，人们对自然心存敬畏，恪守“天人合一”的理念，各族人民守望相助，和衷共济，共同建设着生于斯长于斯的这方热土，云岭大地才能生动地呈现着人与自然、人与人和谐共生之美，云南这个“世界花园”才能处处散发着和谐之美的芬芳。

# 一 多元生计

千百年来，生息于这片土地上的各民族基于地理环境的立体性和差异性，采取抱朴守拙、顺天应时、敬畏自然、合理利用自然资源等生存理念，共同开发、建设了这个家园，形成了千姿百态的适应性生计模式，由此衍化为具有民族性、地域性和独特性的民俗生态文化之美，反映为民族地理差异、生计模式差异、生态文化差异——从高山草场牧业到坝区农业再到山地梯田农业等形态，具象为嵌入生产生活的多样性之美——充满民族特色、风格迥异的建筑，绚丽多姿的服饰，彰显地方风味的饮食，盛大庄严的祭祀仪式等。

## （一）人与大地永恒的依恋

云南各民族在各自特定的地理环境下形成了适应性的经济文化形态，呈现了多姿多彩的生计模式之美。农耕文化分布在滇中、滇东、滇西、滇南的广大区域；滇西北和滇东北部分高海拔地区则为牧业经济。其中，壮族、傣族、哈尼族、汉族等多个民族擅长水稻种植，彝族、纳西族、藏族等民族则擅长高山放牧。

云南的地形地貌可分为坝区、半山区和高山区 3 种类型，由此形成了垂直、立体、多样的民族分布和生产方式。坝区由于地势平坦、土壤肥沃、气候温和，常有河流蜿蜒其中，因而是稻作农业和古代城镇以及近现代工商业发达的地区，主要居住有汉族、回族、满族、白族、纳西族、蒙古族、壮族、傣族、阿昌族、布依族、水族等民族。半山区由于气候凉爽、坡度较缓，农业生产以玉米和旱稻为主，并饲养黄牛和山羊，主要居住有哈尼族、瑶族、拉祜族、佤族、景颇族、布朗族、德昂族、基诺族和部分彝族。高山区由于海拔较高、气候冷凉、坡度较陡，农业生产以玉米、马铃薯、青稞、荞麦为主，并兼营畜牧业，盛产山货药材，主要居住着苗族、傈僳族、藏族、普米族、怒族、独龙族以及部分彝族。

云南复杂多样的自然环境，客观上造就了各民族复杂多样的生态文化，云南少数民族对生态环境的文化适应，其内容和形式博大精深、异彩纷呈。具体而言，云南少数民族对生态环境复杂多样的适应方式，以生态文化中的生产生活方式为主线，主要包括以下几个大类。

#### 1. 滇西北的高山草原农牧业

滇西北地处青藏高原至云贵高原的过渡地带，位于喜马拉雅山东坡的横断山纵谷区，雪山草原和高山峡谷是这里的主要生态景观，许多地方海拔在 3000 米以上，高寒缺氧更增加了自然环境的严酷性。为适应高海拔的生存环境，当地居民早在历史上就形成了农牧为主兼营商业的生产生活方式。以这种生产生活方式为主的民族主要有藏族、普米族、彝族和部分独龙族、怒族、纳西族等，其中以藏族最为典型，兹以藏族为例说明之。

生活在迪庆高原的藏族主要种植适应当地海拔与气候的青稞、小麦、大麦、荞麦、马铃薯等农作物。此外，在金沙江、澜沧江河谷地区也进行水稻种植。藏族人民总结多年的实践经验，形成了一套适应当地气候和土壤情况的轮作制度。例如：在江边河谷区水田中，实行稻谷—蚕豆—小麦（油菜）—稻谷—小麦三年六熟制，或是稻谷—小麦—玉米—蚕豆（油菜）两年四熟制；在旱地则实行玉米—小麦—玉米—豌豆（春马铃薯）—玉米三年五熟制；高寒地区熟地实行马铃薯（荞麦、蔓菁）—青稞（马铃薯）—青稞（春小麦）—荞麦（蔓菁）三年轮作制；瘦地（低湿地）实行春小麦—蔓菁—青稞—荞麦五年轮作制；二荒地实行荞麦—

和谐之美（王贤全/摄）

马铃薯—青稞四年轮作制等。这种轮作制度既保证了农业品种和粮食作物的多样化，又有效保持了地力，增强了农业的可持续发展。①

藏族主要在高山草场放牧牦牛、犏牛、黄牛、马、山羊、绵羊等动物。迪庆高原天然草场因海拔高低不同而分为寒、温、热三带。藏族人民为适应这种环境，创造了牲畜随季节变化而上下迁徙、独具特色的立体畜牧业。每年 4 月至 5 月，位于海拔 3500—3800 米中温层的亚高山草甸草场因气温逐渐升高且降雨较多，春草萌发，牧民们遂将牲畜驱赶到此类草场就食，这种过渡性牧场在当地藏语里被称为“西巩”，意为春秋牧场。6 月以后，气候转暖，位于海拔 3800—4600 米的高寒层牧草渐渐返青，牧民们又将牲畜迁往此类草场就食。此类草场青草萌发迟、枯萎早，但牧草品质高，适口性好，耐牧，藏语称其为“日巩”，意为热季牧场。9 月底以后，热季牧场青草枯萎，牧民们则将牲畜迁到春秋牧场进行过渡性放牧。10 月底以后，春秋牧场青草枯萎，牧民又将牲畜迁往海拔 3500 米以下的冷季牧场过冬，藏语称之为“格巩”，牧期为 11 月至次年 3 月。一些分布在海拔 3000 米以上的藏族村寨，将牲畜迁回村寨周围的零星牧场和收割完毕的农田中就食。这种在春季由低至高过渡、在秋季则由高至低过渡的迁移牲畜放牧的轮牧制，不仅适时利用了不同海拔、不同类型的各种草场，还有效避免了大量牲畜集中于同一牧场而造成的过牧和滥牧现象，保障了畜牧业的可持续发展。

生态环境与生活方式相互交融，成为一个民族的传统和习俗。对生活在雪域高原的云南藏族来说，高原山地适宜种植耐寒耐旱之农作

①郭家骥主编：《生态文化与可持续发展》，中国书籍出版社2004年版，第52页。

物——青稞，草原牧业为人们提供了肉、奶、奶渣和酥油。食用牛羊肉和奶制品一方面提高了藏族人民在高寒缺氧地区身体的耐受力和生存能力，另一方面茶叶可以去油腻、净膻腥、助消化，并补充身体所需的多种维生素，而茶马古道上的商业贸易又为当地藏族人民提供了茶叶。于是，生活在高原缺氧地区的藏族于日常饮食中就拥有四样必需品——青稞、肉、奶和茶叶，藏族也由此形成了饮青稞酒、喝酥油茶、吃酥油糌粑和奶渣的饮食习惯。熬砖茶为浓液，加酥油、食盐，在特制的木桶中搅拌成水乳交融状的酥油茶。青稞烫洗后用火焙熟磨为细粉即是糌粑。全家人围坐在火塘边，喝着酥油茶、青稞酒，吃着糌粑，并以奶渣、红糖、肉类佐餐，成为高原藏族普通家庭的日常饮食习惯。

青稞丰收了（杨　峥/摄）

在迪庆州香格里拉市的建塘镇、大小中甸和格咱等乡镇，民居建筑多为土木结构的二层人字屋顶楼房，具有抗震、避湿冷的功效。房屋多为二层三楹，仓房、佛堂、客厅和卧室分设于楼上，楼下为畜厩。房屋三面筑土墙，染白色，与主房相连形成院落。而在德钦县的大部分地方和香格里拉市的东旺乡、尼西乡等地，则因地处干热河谷，山多平地少，降雨稀少，加之有一种特殊的、黏性极高的土壤，用这种黏土夯筑成很高的墙体而没有倒塌的危险，因而民居建筑多为高层平顶碉楼。这种碉房一般高三层，有的高达四五层。底层常为畜厩，二楼为伙房、卧室、仓库，三楼则为经堂、客厅，楼顶是土掌平台，可供晒粮、脱粒和休闲之用。

云南藏族服饰多用皮毛和棉、麻为面料，多制成为长袍、长裙、长靴以御寒。随着经济文化的发展和各民族文化间的交往交流交融，云南

香格里拉村民收割青稞（郭　娜/摄）

藏族的服饰日趋丰富多彩，既吸收了与之相邻的纳西族、白族、苗族、彝族、傈僳族等民族服饰的风格，又保持了其传统服饰的特点，其服饰材料和款式基本未变。男子服饰大同小异，基本特点是肥腰、长袖、大襟。一般内着数件右襟齐腰短衫，外套圆领右襟宽袖长袍，腰系长带，佩挂精美的藏刀和其他饰品，头戴狐皮帽或金边毡帽，脚穿藏靴或长筒皮靴，平常喜欢袒露右臂。女子服饰则因居住地不同，款式差异显著。德钦藏族妇女内穿长袖彩绸衫，外着无袖大襟长袍，腰系七彩条纹带，围一片彩色条花围腰，佩戴金银或珊瑚等装饰品；中甸高原藏族妇女身穿毛呢或绸缎大襟长衣，外罩呢子或绸缎坎肩，下穿长裤，束紧身腰带；居住在金沙江河谷地区，如奔子栏、拖顶一带地区的藏族妇女，由于气候炎热而不着长袍，上衣为藏绸长袖衫和大襟锦缎坎肩，下身穿类似纳西族、彝族的宽而长曳的百褶裙，外系彩色绸腰带。[①]

### 2. 亚热带缓坡山地梯田稻作农业

在一个民族或几个民族聚居的山区，人们将海拔较低、坡度较缓的河谷地区和半山区开辟为梯田，直接云天，层层叠叠，蔚为壮观。有的地方则形成居住在低山和半山的民族从事梯田稻作。以梯田稻作农耕为生计的涉及哈尼族、拉祜族、怒族、傈僳族、景颇族、独龙族、基诺族、德昂族、佤族、彝族、苗族等多个民族的相当一部分人口。

在云南少数民族为适应自然生态环境而创造的梯田稻作农耕文化类型中，居住在红河南岸哀牢山区的哈尼族是这方面的典型代表，被誉为“山体雕刻家”。早在唐代，哈尼族的梯田农业就已赢得了“蛮治山田，

---

①郭家骥主编：《生态文化与可持续发展》，中国书籍出版社2004年版，第53—55页。

殊为精好”[1]的赞誉。千百年来，以哈尼族为典型代表的各族人民在哀牢山余脉上一锄一犁共创了一道农耕奇观——哈尼梯田，总面积约百万亩。梯田大者面积数亩，小者仅如簸箕，依山就势，层层叠叠。梯田级数最多达 3700 多级，层层累积 2000 多米。哈尼族人民在千百年的生产实践中，创造了一整套适应特定自然生态环境的梯田农耕技术和合理利用好资源的管理体系，时至今日，这一农业生态系统依然在良性运行并继续保持着旺盛的生机与活力。2010 年，哈尼梯田被联合国粮农组织评选为全球重要农业文化遗产。2013 年，红河哈尼梯田文化景观被世界遗产委员会列入《世界文化遗产名录》。

哈尼梯田是“森林—村寨—梯田—水系”四元素同构的传统农耕体系。村寨上方多是山，山上茂林成片；产自村寨的农家肥，成为下方梯田栽培红米稻谷的养分；水流从森林缓流而下，穿过村庄灌溉着梯田——其中蕴藏着人与自然和谐共生的智慧。

哀牢山区的地貌和气候、植被随海拔高差呈立体分布，哈尼族的梯田农业系统就是根据这一特定的生态特征而构建的。哈尼族一般选择在海拔 800—1300 米的气候温和、坡度平缓的半山区开辟梯田，以利于耕作和水稻生长。在气候阴冷、雨量充沛、坡度较陡的高山区，则保留着茂密的原始森林以涵养水源。其间以人工修建和自然形成的无数条水沟和溪流把森林泉水和雨季洪水引入田中，从上到下依次注满所有的梯田，直至汇入河谷江河。在亚热带灼热阳光的照射下，水又幻化为云雾水汽升腾至哀牢山上空，复又聚合为雨露泽被高山森林，在时光中如此循环反复，形成一套合理利用水资源的科学简便的水利灌溉系统。“山

① 〔唐〕樊绰：《蛮书》卷七。

哈尼梯田冬之韵（李秋明/摄）

有多高，水有多高”的自然环境，为哈尼族的稻作农业提供了生生不息的水源。而木刻分水，是哈尼族在梯田用水方面的一大智慧创造，保证了水资源的公平合理使用，是哈尼族古老的水法。这种水规是在一股山泉或沟渠的灌溉面积内，由这一区域中的各位田主，根据各自的梯田数量协商、规定每家每户的用水量，然后按泉水流经的先后，在沟与田的交接处（沟水入田处）横放一块刻有一定流水量的木槽，水经木槽口流入各家梯田。这就是颇具历史渊源和哈尼族民族特色的“木刻分水”。

梯田农耕由于山高路远，平原地区人背马驮的施肥方式在这里很难实行，于是哈尼族人民就利用其独特的水利灌溉系统创造了自己独特的“冲肥”方式。源于深山密林中的潺潺流水在为半山梯田提供灌溉的同时，也把原始森林中的大量腐殖物、村寨周围的人畜粪便以及人工修建的村寨肥塘中贮存下的大量肥料冲入层层梯田中。这一巧夺天工的施肥技术，充分显示了哈尼族梯田农业的文明水平。此外，哈尼族梯田农业还特别注重驯化、培育和选择适宜当地生态的稻谷品种。仅元阳县，就拥有稻种上百种，并根据不同的海拔、气候、土壤而栽种不同的谷种。栽秧时，还根据高低层梯田不同的地力分别确定不同的种植密度。这一整套既合理利用自然资源而又达到精耕细作水平的农业技术，使哈尼族梯田稻作农业的平均亩产达到 300 千克，堪称山地农耕产出的较高水平。①

为了保证梯田稻作农业的长期延续和发展，哈尼族很早就形成了对高山森林水源、水利灌溉沟渠和合理用水的管理机制。在高山水源林

---

① 郭家骥主编：《生态文化与可持续发展》，中国书籍出版社2004年版，第63页。

哈尼梯田木刻分水（曲依阿旧 / 摄）

分水流入田间地头（郭　娜 / 摄）

区，哈尼族主要通过原始宗教的寨神崇拜进行管理。哈尼族村寨一般都建在背靠茂密森林、面向平缓山坡的半山上，村落以下直至山脚河谷，都是层层梯田。背靠的茂密森林被认为是寨神“昂玛”的栖息地，是凡人不能进入的神圣之地。森林中的一草一木，都被认为具有神圣性而不能攀折，违者定将受到惩罚。这种信仰有效地保护了哈尼族地区的高山水源林，使其得以常年保持“山有多高，水有多高”的灌溉用水，维系了梯田的命脉。对于水利灌溉沟渠，哈尼族通常依靠传统文化来保证其无破无损、畅通无阻。以梯田稻作农业为主要生计的每一个哈尼族人都知道，水沟是他们的命根子，故每年冬季各村寨成员都要全部出动疏通

哈尼梯田夏之绿（郭　娜/摄）

沟渠，铲除杂草，把水沟维修一新；而平时沟渠稍有破损，则无须任何人组织和命令，总是谁见谁修，蔚然成风。对于水资源的均衡、合理利用，哈尼族主要通过不成文的传统水规来进行管理。这种约定俗成、代代遵守不渝的水规，使高低层梯田都能得到均衡的水利灌溉，有效地避免了田主相互之间可能发生的纠纷。

## “山体雕刻家”的杰作——元阳梯田

元阳梯田，位于云南省红河州元阳县的哀牢山南部，是以哈尼族为主的各族人民利用特殊地理气候同垦共创的梯田农耕文明奇观。元阳梯田，规模宏大，气势磅礴，随山势地形变化，坡缓地大则开垦大田，坡陡地小则开垦小田，甚至沟边坎下石隙也开田，往往一坡就有成千上万亩层层梯田，从而形成了千姿百态、变幻莫测的一项以天地为底的艺术杰作。元阳梯田是哈尼族人 1300 多年来不断“雕刻”的山水田园风光画，是世界山地农耕文明最集中的典型代表。大约从 14 世纪起，梯田的垦殖技术已经遍布中国和东南亚地区。不过，无论是从规模还是审美的角度上看，绝少有地方能与元阳的梯田相媲美。 2013 年 6 月 22 日在第 37 届世界遗产大会上红河哈尼梯田被成功列入《世界文化遗产名录》，成为中国第 45 处世界遗产。

无论登上元阳哪一座山顶，都能看到遍布大地之间那如大海波浪一般涌来的梯田。一座座的“田山”，仿佛就是一部非文字的巨型史书，直观地展示了哈尼族先民顺应自然、繁衍生息的漫长历史。

哈尼族是一个善于和大自然亲密相处的民族，自称为“摩咪然里”，即“天然神之子”。“天”是大自然的象征，即哈尼族是大自然之子。他们将自己的村寨建筑在森林下方的山凹中，村寨下方就是一片连一片的梯田。山林、小溪、村寨与梯田是哈尼族人最珍视的四样事物。他们相信在周遭的山水间存在着众多主管自然的神灵，哈尼族人寓居于此，只是接受着神的眷顾。正是这样，这个民族才会以绝妙的手法，将梯田雕琢得灵妙非凡，努力追求一种与自然的和谐。元阳哈尼梯田从古至今始终是一个充满生命活力的大系统，今天它仍然是哈尼族人民物质和精神生活的根本。它是哈尼族人民与哀牢山大自然相融相谐、互促互补的天人合一的人类大创造，是文化与自然巧妙结合的产物。这种生态系统让梯田千年不衰，而且充分协调了人与自然的关系，实现了两者的和谐发展。哈尼梯田，历经千年风雨，如今依然生机勃勃，将远古与今天连接在一起，展示出一幅历久弥新的中华生态文化图景。

### 3. 坝区水田稻作农业

云南内地坝区是种植水稻的主要地区，此外边疆河谷地带也种植水稻，居住于此的主要有傣族、汉族、白族、纳西族、蒙古族、壮族、阿昌族、布依族、水族等多个民族，迄今多个民族仍以水田稻作农业为主要生计方式。其中，傣族的稻作文化最为典型，是云南少数民族水田稻作农业的代表之一。

云南是亚洲栽培稻的发源地之一，傣族则是最早从事稻作农耕的民族之一。在长期的生产实践中，傣族人民通过与自然生态环境的主动调适，创造了举世闻名的稻作文化。

傣族传统的农业耕作方法曾经历过人工锄挖、象牛踩田和犁耕农业三个阶段。到了20世纪50年代，德宏傣族因多受汉族影响，耕作技术已比较精细，一般都实行三犁三耙，并注重选种、换种和施绿肥。西双版纳傣族则因土地宽广，耕作比较粗放，一般不施肥，大多不除草，一犁一耙即可。然而，西双版纳傣族的农耕技术中仍有一些科学的发明创造及对自然生态的合理适应。虽然种田不施肥，但历史上以牛踏田的传统一直延续下来，家家户户都有几头牛放养在田里，让牛边吃草边踩踏收割后不要的谷草和谷草根，于是牛粪和腐烂的谷草就成了很好的肥料；采用独具特色的“寄秧”技术育苗，先让秧苗在秧田里生长 20 天左右，然后将其大把地移植到有水的大田中，又过 20 天后拔起，掐去须根和尖叶，移植到犁耙好的母田中去。经过两次栽培的秧苗生长肥壮，可以提高产量。“寄秧”技术是一种防旱保苗措施，是对西双版纳旱雨

山地水田插春秧（陶贵学／摄）

季节分明的气候特点的合理适应。早在遥远的古代，傣族先民便在这里打桩筑坝、开渠引水，修建了完善的水利设施，并形成了严密的管理制度。这些水利设施有的直到今天仍在发挥作用。

稻米是各地傣族的主食，不同的是，德宏傣族主要食用粳米，西双版纳傣族则主要食用糯米。在西双版纳，糯米饭是每日不可缺少的，没有糯米就意味着缺粮。在节庆、婚丧礼仪中，糯米食品是举行礼仪的必备品；在宗教活动中糯米及一系列糯米食品又是沟通人神的物质媒介。制作与糯米饭搭配而食的酸食必须以糯米饭为发酵剂；饮食体系中的饮料——米酒，也常用糯米酿制。稻米文化除了在生活中居于中心地位，也渗透到伦理道德观念和节庆活动中。是否有利于稻作农业的发展，是傣族衡量是非善恶的一条重要标准。因此，传统鼓励并赞美勤劳耕耘的人和行为，民间谚语和传统经典教导人们要爱护庄稼、珍惜粮食。一年之中之所以有个“关门节”，从农事安排的角度来解释，就是为了在农忙的 3 个月内禁止人们外出，年轻人不能在这段时间恋爱结婚，老年人不能外出走亲访友，以便集中精力从事稻作生产。

土地和水利是稻作文化赖以形成和发展的两块基石，因此，西双版纳傣族的土地和水利资源管理制度具有悠久的历史并一直延续到 20 世纪 50 年代，其影响直到今天依然有迹可循。其传统土地制度的主要内容是：所有土地都归最高统治者“召片领”所有，“召片领”将土地分封给各勐土司，各勐土司又逐级将土地分到基层村社，成年人都可向自己所属的村社领种一份土地，并承担相应的徭役地租。这种土地所有制下的农村公社“集体所有，私人占有”“平分田地，平分负担”的土地制度，保证了每个村社成员都能占有一份基本均衡的土地。

这里传统的水利管理制度即使在今天看来，也是比较完善的。一是有一套比较完善的水利设施，仅勐景洪坝子就有长 10 多千米的大水沟 13 条，分为 13 个小灌溉区，汇成一个全勐性的大灌溉区。二是有一套完备的垂直管理系统。由“召片领”任命他的内务大臣“召龙帕萨”为最高水利总管，每条水沟设“板闷龙”和“板闷囡”（正、副水利监）各 1 人，每个村寨又设“板闷曼”（水利员）1 人。三是有一套完备的水利管理措施。从动员组织修沟坝、定期检查渠道、确定灌田时间、维护传统水规、处理水利纠纷直至为每家每户合理分配水量，都有专人按既定程序具体组织实施。这套完备、严密的水利管理制度，为西双版纳傣族水田稻作农业的长期稳定发展发挥了重要的保障作用。

西双版纳傣族水稻种植（朱　敏 / 摄）

为了保证稻作农业的正常进行，还制定了传统法规对妨碍、损害稻作农业的各种行为进行惩罚。诸如：牛马糟蹋他人庄稼、偷围田地篱笆、偷放别人的田水等，都要罚银；水牛、黄牛吃了已栽的秧，除罚银之外，还罚牛主祭谷魂；牛吃了已抽穗的苗，除罚祭谷魂外，还要赔偿稻谷的损失。一些行之有效的习俗与禁忌至今还在一些村寨作为村规民约而保留了下来。①

在傣族人民的观念意识中，收成的丰歉很大程度上取决于是否得到超自然神灵的保佑和赐福。因此，以祈求超自然神灵赐福禳灾为目的的稻作农耕礼俗，便成为稻作文化不可缺少的组成部分。其主要内容有水崇拜和谷神崇拜。西双版纳傣族在一年一度放水犁田插秧时，都要举行放水仪式，祭祀水神，祈求风调雨顺、稻谷丰收。祭祀时要制备丰盛的祭品，诵读祭文，然后从每条大水沟的水头寨放下一个挂黄布的竹筏。待竹筏漂到沟尾后，再把黄布拿到放水处祭祀。景洪县的傣族每隔三年就要祭祀一次水神“南坡”，祭时祝福说：“三年到了，现杀猪献给你，请你保护水沟平安，水流畅通，庄稼获得丰收。”

傣族古籍中有记载：“我们封谷子的魂为王为主，因为谷子是人类的生命，寨神勐神虽然是至高无上了，可是没有谷子它就活不成。”因此，每年谷子收割时家家户户都要举行叫谷魂仪式，傣文经典中的叫谷魂词曰：“谷子黄了，‘牙欢毫’（谷魂）回来吧！今天从犁田开始，我们都不往地上吐口水，我们用金槽把圣洁的水引到田里，使秧苗成长，谷子黄了，不打不行，我们只好用刀割它，用脚踩它。因此，我们怕‘牙欢毫’生气跑了，跑到龙宫，今年希望不要去了，明年依旧在，今年我

① 郭家骥主编：《生态文化与可持续发展》，中国书籍出版社2004年版，第65—68页。

们修了新仓，回来吧，‘牙欢毫’！”①

**（二）人与自然灵与魂的融合**

云南地处青藏高原东南至中南半岛大斜坡的中部地区，独特的地理位置、地形地势和大气环流，造就了气候多样、地形复杂、海拔高差大的高原山地。多元丰富的山水林田湖草资源恩泽了26个世居民族。这些民族在认识、利用、改造自然的过程中，始终保持着对自然的敬畏心，视人类为自然的一部分，传承了以尊敬、保护、合理利用自然环境及资源为核心的民族生态文化，并使之成为中华文化乃至人类文明的重要组成部分。

1. 立体复杂的生态地貌

云南整个地势呈西北高、东南低的阶梯状走向。又因大部分土地位于云岭之南，故名云南，简称滇或云。

外界世人印象中的云南是大理浪漫的风花雪月，是西双版纳热带雨林的湿润神奇，是昆明温暖的四季飞花，也是云相蒸腾、蔚然万端的彩云之南。当我们从太空俯瞰这片苍茫大地，呈南北走向的横断山脉褶皱纵横。而整体上，云南地势是呈三级立体分布的一个巨型阶梯，从北向南逐渐降低。云南，是中国地形最复杂、最多彩的省份。

那千年积雪永不回应的高冷雪峰，那包容一切生命的热带雨林，那奔流不息的大江大河，那静谧旖旎如颗颗明珠镶嵌的高原湖泊，是26个民族的世居家园，它的多姿多彩闻名遐迩，就如同一首歌曲传唱的那样：“彩云之南，我心的方向 / 孔雀飞去，回忆悠长 / 玉龙雪山，闪耀着银光 / 秀色丽江，人在路上 / 彩云之南，归去的地方 / 往事芬芳，随

---

① “民族问题五种丛书”云南省编辑委员会编：《西双版纳傣族社会综合调查》，云南民族出版社1986年版，第35页。

梅里雪山日月同辉（马国强/摄）

风飘扬 / 蝴蝶泉边，歌声在流淌 / 泸沽湖畔，心仍荡漾……”[①]。

云南处在印度洋和太平洋季风的控制之下，加之纬度较低，高山深谷海拔悬殊的影响，形成全省复杂多样的气候类型，孕育了云南丰富的动植物资源。独特的地理环境和多样化的气候条件为人类的生存繁衍提供了广阔的空间，历史上成为各民族迁移、流动、交流交往交融的通道与走廊。氐羌族群自甘青高原沿澜沧江、怒江和金沙江河谷南下，百越

① 《彩云之南》，作曲/何沐阳，作词/何沐阳。

云南民族大团结（许时斌/摄）

族群自东南沿海顺珠江水系西进，百濮族群自东南亚溯澜沧江北上，使云南在拥有众多世居民族的基础上又增加了大量的外来民族。[1]与此同时，云南的六大江河体系及其自然形成的河谷通道，又把云南各世居民族与祖国内地和东南亚国家联系起来，构成若干条不同民族迁徙、流动的走廊。在数千年漫长的历史发展过程中，不断有一些新的民族群体迁入云南，最终使云南这块土地上聚居了 26 个民族，成为全国民族成分最多的地区。

### 2. 丰富多元的生态文化

民族生态文化是各民族在与自然打交道时形成的一套人与自然和谐共处的生态价值观，并内化为个体对待自然万物的基本认识和行为准则。对自然万物存有敬畏心是这种生态价值观念的核心，有效保护了大自然的山川、森林和河流水系。这些源自生活在不同地域的由不同民族维系的自然生态景观由点成面，构成了云南这个“世界花园”的多彩风景。

在云南，少数民族的神山文化情结无处不在。在适应高寒缺氧的严酷生存环境的过程中，藏族融合原始宗教信仰和佛教文化，形成了以神山崇拜为核心的生态文化。在这种观念指导下，香格里拉市和德钦县两地约 80% 的山脉被赋予了神性而成为藏族人民家家户户、村村寨寨都崇拜的神山；每一座藏传佛教寺庙及其周围地区，亦被赋予了神性而成为必须保护的地方。神山上的一草一木、一鸟一兽，均不能砍伐和猎取；以寺庙为中心，方圆 10 多公里只要能听见寺庙钟鼓声的地方，也不能砍伐一棵树、猎打一只鸟，否则便会受到神灵的惩罚。正因为藏族人民具有以

① 马曜主编：《云南民族工作40年》上卷，云南民族出版社1994年版，第18—24页。

神山崇拜为核心的包括寺院周围地区的生态保护意识和生态保护行为，才使香格里拉市和德钦县的大面积森林植被得以保存，也才使迪庆州至今仍然是生物多样性的富集地和云南省生态环境保护得最好的地区之一。

主要生活于滇西北一带的纳西族经过总结人与自然关系正反两方面的经验教训，从自然崇拜意识中概括出一个代表整个自然界的超自然神灵“署”，并形成了大规模的“署谷”仪式。“署”是草木鸟兽、山林川泽、风雨雷电，即整个大自然的总称；“谷”意为力之正反双向运动，略同于汉语的往来、交会等意思。纳西族神话说，洪荒时代，自然（署）与人类是同父异母的亲兄弟，人即自然，自然即人，他们彼此不分，同枕共食。两兄弟长大成人后，分家析产时发生争执，反目为仇。人有猎具，肆无忌惮地捕杀兽类；人还有铁制农具与火，疯狂地毁林开荒。大自然却不慌不忙，后发制人。暴雨骤降，电闪雷鸣，山洪狂泻，吞没田舍，野兽奔腾，追捕人畜。人类在大自然的报复面前是如此之弱小，他们不得不求助于天神。在天神的帮助下，人与自然（署）坐到谈判桌前，签订了条约。条约的大意是：

人类应遵守：勿射玉龙山的鹿，勿捕金沙江的鱼，勿猎林中熊，勿毁高山树，勿污江河水……

自然应遵守：不让狂风卷冰雹，不让山崩洪流起，不让天响炸雷地震荡，不让人畜遭病难生存。

条约还规定：“署”神适量地让人们狩猎、放牧、开荒及采伐树木；而人与自然要想永远保持互利互惠、和谐共处的良好关系，就必须定期举行“谷”这种祭祀仪式来与自然对话和交流。自然不会说话，但人可以通过自我检讨、自我约束并承担相应的义务来实现与自然的和谐共处。在这种生态文化观的规约下，丽江纳西族各村寨都制定了保护生态

德钦县雨崩神山（张　彤/摄）

村民祭拜神山（张　彤/摄）

环境的乡规民约和护林管理制度，较好地保护了当地的水源、森林等自然资源。[1]在推进生态文明建设的今天，应当继续传扬这种优秀的民族传统生态文化。

许多少数民族都有封山禁伐的习俗，有的少数民族还举行年度祭祀寨神林的神圣而庄重的仪式。如，流行于石林圭山、弥勒西山、大理巍山等地的彝族“密枝林”祭，傣族的祭“竜林”仪式等。这些禁忌和仪式周期性地唤醒人们对于自然生态环境的尊重与保护，并一代代传承至今。

### 祭密枝

生活在石林县的彝族支系撒尼人，除了过火把节之外，还举行祭神仪式——祭密枝。祭密枝也叫“密枝节”，是流行于滇南彝族地区的民间传统节日，一般在农历十一月的头一个属鼠日到属马日举行，历时七天，是撒尼人祭祀神灵、纪念祖先的节日。每个村寨在离寨子不远的地方圈出一片林木茂盛的树林为“密枝林”，在林中再选一棵参天古树为“龙树”，作为“密枝林”的神性象征。“密枝林”是神圣不可冒犯的圣境，禁止在其中伐木、折枝、放牧、捕猎，也不能把死者葬在林中。密枝节将至时，石林彝族撒尼人村寨的男性村民就相聚在一起，推举出负责筹办密枝节的“密枝翁”，并挑选出符合标准的参加祭神仪式的男性。密枝节期间，毕摩（彝族中专门替人礼赞、祈祷、祭祀的祭司）还会在村中边走边大声喊话，一问一答，批评村民中不守规、品德不好的人和事，这样做是为了劝善戒恶，使彝家的良好风俗代代相传。此外，还要组织撵山活动，撵山的战利品集中后，由“密枝翁”平均分到个人。

---

① 郭家骥主编：《生态文化与可持续发展》，中国书籍出版社2004年版，第71—72页。

丽江古城水源分级利用（杨　峥/摄）

密枝林（王贤全/摄）

云南丰富多样的生态环境造就了丰富多彩的生物多样性。而生活于其中的各民族，为适应这种多样性，便创造发展出了绚丽多姿的民族生态文化及其生产生活方式，形成了与生态环境和生物多样性相互依存、紧密联系的多元民族文化，代代传承，延续至今。

## 二　绿色之道

生态文明建设是关系中华民族永续发展的根本大计。新中国成立以来，在进行社会主义现代化建设过程中，党中央高度重视生态文明建设，逐步确立生态环境保护理念，建立健全相关法律法规和政策措施，大幅增加建设投入，倡导实施新发展理念，不断推进污染治理，持续改善城乡居民生活环境，生态文明建设领域取得了举世瞩目的成就。

通海绿色蔬菜种植（王贤全/摄）

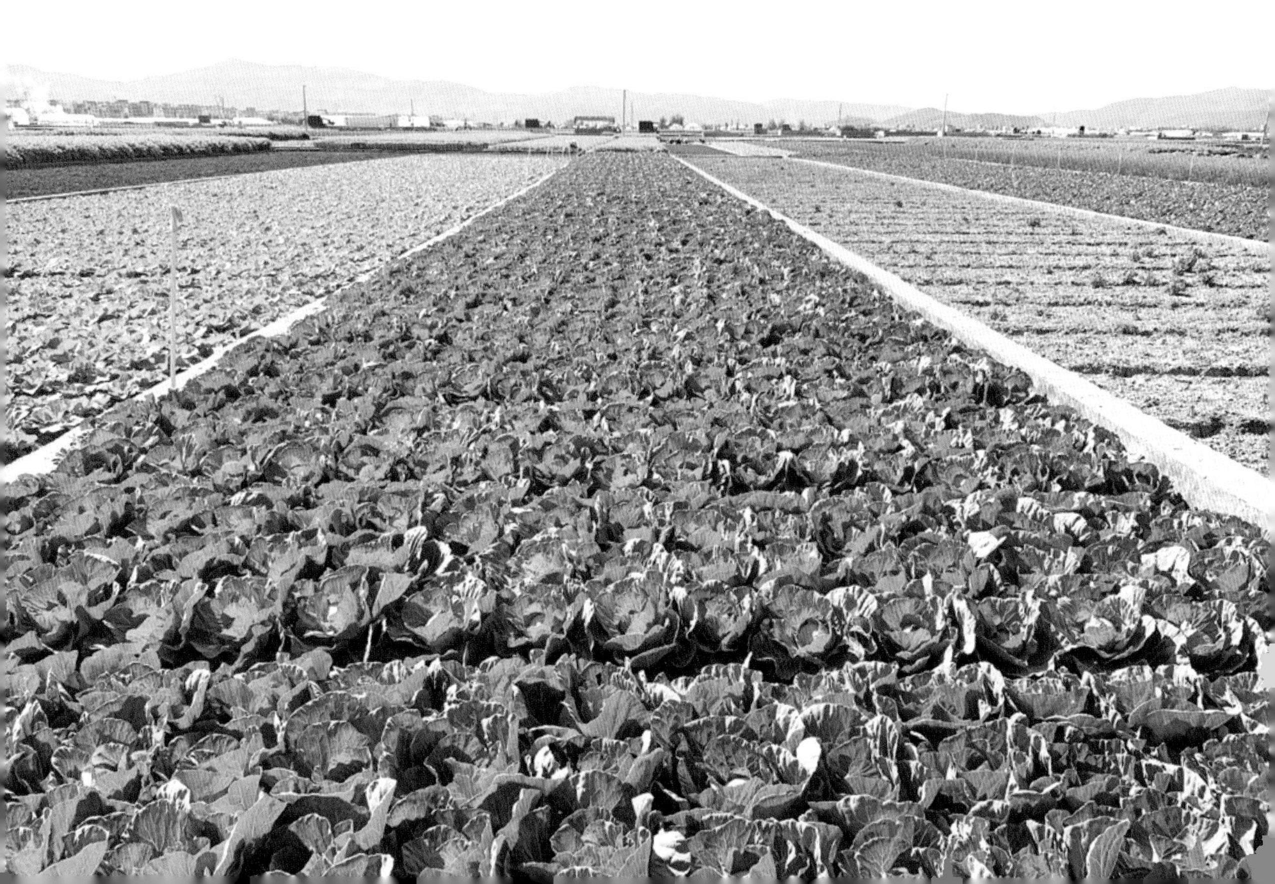

云南坚决贯彻落实党中央在各个时期关于生态环境保护的决策部署。特别是党的十八大以来，云南立足努力成为我国生态文明建设排头兵的发展定位，加快建设中国最美丽省份，将生态文明建设融入经济、政治、文化、社会建设各方面和全过程，努力践行绿色发展理念，走出了一条具有云南特色的生态文明建设之路。进入新时代，生态文明建设不断取得新进展，绿色发展和生态文明理念深植云岭大地，筑牢国家西南生态安全屏障的责任深入人心，围绕新发展理念，在“绿色能源”“绿色食品”“健康生活目的地”领域持续创新发力，做优做强高原特色农业，打造风格迥异的特色小镇，提升城乡人居环境等方面取得新进展，为彩云之南抒写着天更蓝、山更绿、水更清、城乡更加美丽的壮丽诗篇，展现出一幅幅人与自然和谐相处的壮美画卷。

### （一）云岭奏响春之声

党的十九届五中全会深入分析了国际国内形势，就制定我国国民经济和社会发展“十四五”规划和2035年远景目标建议时指出，“十四五”时期是我国全面建成小康社会、实现第一个百年奋斗目标之后，乘势而上开启全面建设社会主义现代化国家新征程、向第二个百年奋斗目标进军的第一个五年。在生态文明建设领域要实现新进步，国土空间开发保护格局得到优化，生产生活方式绿色转型成效显著，能源资源配置更加合理、利用效率大幅提高，生态环境持续改善，生态安全屏障更加牢固，城乡人居环境明显改善。这为今后一个时期推进生态文明建设指明了方向，提供了基本遵循。

云南贯彻落实新时代精神，提出了“两型三化”（开放型、创新型和高端化、信息化、绿色化）的产业转型升级方向，着力培育生物医药和大健康产业、旅游文化产业、信息产业、现代物流产业、高原特色现代农业产业、新材料产业、先进装备制造业、食品与消费品制造业等八大重点产业和打造世界一流的绿色能源、绿色食品、健康生活目的地“三张牌”，为推动云南高质量跨越式发展、顺利实现全面建成小康社会提供了有力支撑。2020 年 1 月，习近平同志再次考察云南，对云南发展提出了新要求、新目标。云南在持续打造八大重点产业和世界一流“三张牌”的基础上，提出了构建现代化产业体系的战略部署，不断深化八大重点产业、世界一流“三张牌”的内涵，继续丰富和延伸八大重点产业、世界一流“三张牌”的外延。

全力打造“绿色能源牌”，培育千亿元级绿色能源产业。以建设绿色能源省为目标，统筹平衡能源供需、时空布局、品种开发利用，有序推进金沙江上游、澜沧江等流域水电资源开发；推动煤炭产业高质量

洱源大佛山光伏发电（杨　峥／摄）

发展；审慎稳妥地在适宜地区适度发展风电、光伏等新能源；支持有关企业根据配额加大对中东石油的进口，提高原油、天然气利用水平，适时推动建设中缅原油管道复线，推进昭通页岩气开发，超前谋划氢能综合利用。把丰富的清洁能源优势转化为产业优势、发展优势，努力成为全国绿色能源示范省。增强能源服务保障和产业发展的主动性，保障省内存量用电、西电东送协议送电、枯期供需平衡、重点新兴产业和重点企业用电，建立主要由市场决定能源价格的机制，利用绿色能源资源优势，加大招商引资力度，推动云南能源产业由资源开发型向市场开拓型转变，由“建设红利”向“改革红利”转变，由单一型向综合型产业转变，建成国家重要水电基地、石油炼化基地及国际能源枢纽，为国家能源安全、建设面向南亚东南亚辐射中心提供有力支撑。①

## 中国首座水电站——昆明石龙坝水电站

石龙坝水电站是中国第一座水电站，位于中国云南省昆明市西山区海口镇螳螂川上游。石龙坝水电站一厂于1910年7月开工，是国内最早采用德国西门子公司制造的发电机进行发电的电站。1912年5月28日正式发电，最初装机容量为480 千瓦，成为昆明电力供应普及的开端。抗日战争期间，日军曾于1939—1941年先后4次轰炸石龙坝水电站，但依然未能破坏供电，电站为云南抗战胜利作出了贡献。鉴于石龙坝的历史意义和价值，1993年成为省级重点文物保护单位，1997年成为云南省爱国主义教育基地。2006年5月25日，石龙坝水电站被国务院批准列入第六批全国重点文物保护单位名单。弹指一挥间，经历百余年的时光，这座中国第

① 云理轩：《坚持“生态优先，绿色发展” 推动云南生态文明建设实现新进步》，学习强国云南学习平台，2021年1月16日。

中国第一座水电站——石龙坝水电站（张　彤/摄）

石龙坝水电站机房（张　彤/摄）

一座水电站依然马达声轰鸣，见证着中国水电发展百年历史的巨变。

全力打造“绿色食品牌”，确保农产品加工业产值与农业总产值比例优化。按照“大产业＋新主体＋新平台”发展思路，努力做大做强做优绿色食品产业。把产业兴旺作为乡村振兴的重点方向，把高起点发展高原特色现代农业作为今后一个时期传统产业优化升级的战略重点，用工业化理念推动高质量发展，突出绿色化、优质化、特色化、品牌化，走质量兴农、绿色兴农之路。推进“大产业＋新主体＋新平台”发展模式和“科研＋种养＋加工＋流通”全产业链发展，瞄准高端市场、国际市场，迅速占领行业制高点。大力发展县域经济，把实施产业兴村强县行动作为做大县域经济底盘、优化县级财政收入结构的战略性举措，着力打造“一村一品、一县一业”发展新格局。积极培育新主体，引进国内外大企业，扶持本土农业“小巨人”等龙头企业，积极培育专业合作社、家庭农场、种养大户等新型经营主体，力争年销售收入超过 1 亿元的龙头企业新增 100 户以上、超过 10 亿元的新增 10 户以上。大力打造名优产品，围绕茶叶、花卉、水果、蔬菜、坚果、咖啡、中药材、肉牛等产业，集中力量培育，做好特色文章，打造具有云南特色、高品质、有口碑的农业金字招牌，加快形成品牌集群效应。塑造“绿色牌”，推动农业生产方式“绿色革命”，力争新认证“三品一标”600 个以上，有机和绿色认证农产品生产面积分别增长 10% 和 15% 以上。大力发展精深加工，力争将全省农产品加工业产值与农民总产值之比由 0.67 ∶ 1 提升到 1.11 ∶ 1 以上。积极开拓国内外市场，扩大云南农产品影响力和市场份额。建立强有力的领导推进机制，持续发力，久久为功，推动高原特色现代农业发展进入快车道。

大理漾濞核桃丰收了（黄喆春/摄）

截至2020年底，国内98%的咖啡产自云南，主要分布在普洱、保山、德宏、临沧和西双版纳等产区。云南咖啡的品种绝大部分都是小粒咖啡，云南的小粒咖啡已经被国际咖啡组织评为一类产品，品质与世界顶尖的哥伦比亚小粒咖啡相近。2018年8月，《纽约时报》的美食专栏对云南咖啡进行专栏报道，盛赞云南咖啡“带有饱满的醇度和令人愉悦的黑巧克力口味”，云南咖啡再次引起了世界关注。据昆明海关统计，2019年云南全省咖啡原料豆及深加工产品远销欧盟、美国、日本、韩

云南小粒咖啡（张　彤/摄）

国等 55 个地区和国家，出口咖啡豆及相关制品 5.61 万吨。[①]

玉溪市通海县是云南省知名蔬菜生产基地和集散地，近年来深入推进农业供给侧结构性改革，实施绿色种植、科技种植，推动品种培优、品质提升、品牌打造和标准化生产。尽管不靠海、不沿边，然而通海蔬菜产量 36% 销往国外。[②]

全力打造“健康生活目的地牌”，围绕创建国际康养旅游示范区，推动机制创新，推动健康产业与旅游、体育、文化、教育等产业融合发展，彰显生态之美、文化之魂、特色之基、时代特征。大力发展从“现代中药、疫苗、干细胞应用”到“医学科研、诊疗”，再到“康养、休闲”全产业链的“大健康产业”。支持中国昆明大健康产业示范区加快发展。按照“世界一流”的标准打造国际医疗健康城，引进国际一流高端资源和管理模式，建设集医疗、研发、教育、康养为一体的医疗产业综合体，力争经过几年的努力，成为国际先进的医学中心、诊疗中心、康复中心和医疗旅游目的地、医疗产业集聚地，引领云南生物医药和大健康产业跨越发展。加快旅游产业转型升级。坚持以“零容忍”态度整治旅游市场秩序，进一步强化属地管理体制机制。围绕“国际化、高端化、特色化、智慧化”目标，以“云南只有一个景区，这个景区叫云南”的理念打造“全域旅游”，以“一部手机游云南”为平台打造“智慧旅游”，以“游客旅游自由自在”“政府管理服务无处不在”为目标建设“一流旅游”，开发精品自驾旅游线路，加快汽车营地、厕所等基础设施建设，大力发展新业态，制定实施新标准，推动旅游产业全面转型升级。加快推进特色小镇建设，紧扣“特色、产业、生态、易达、宜居、

①《外交部发言人频频为云南点赞！原因是……》，云南日报官方公众号，2021年1月10日。

②张帆、李茂颖：《通海蔬菜远销海外》，载《人民日报》，2021年1月7日头版。

智慧、成网”七大要素，坚持高质量、高标准建设，使云南的蓝天白云、青山绿水、特色文化转化为发展优势，成为世人健康生活的向往之地。

作为云南省争当全国生态文明建设排头兵、建设中国最美丽省份的重要抓手，2019 年云南省委、省政府作出美丽县城建设战略部署，各地聚焦目标，主动作为，聚焦“干净、宜居、特色、智慧”等要素做了大量艰苦细致的工作，创建氛围更加浓厚，环境卫生更加干净，县城生活更加宜居，个性特色更加彰显，助推发展更加有力，初步形成了一批特色鲜明、功能完善、生态优美、宜居宜业的美丽县城。

云南作为西南生态安全屏障，承担着维护区域、国家乃至国际生态安全的战略任务。同时，云南又是生态环境比较脆弱敏感的地区，生态环境保护的任务很重。环境保护，重在污染治理。云南必须继续树牢绿水青山就是金山银山的理念，驰而不息打好蓝天、碧水、净土三大保卫战，以重点湖泊、河流水污染防治为重点，综合推进滇池、洱海、抚仙湖等高原湖泊水环境综合治理，守护好七彩云南的蓝天白云、绿水青山、良田沃土。

我们坚信，沿着新时代生态文明建设的根本遵循，在发展经济、促进社会进步的同时，坚决贯彻落实中央和省委、省政府关于生态文明建设的重大战略部署，坚持尊重自然、顺应自然、保护自然，坚持节约优先、保护优先、自然恢复为主，守住自然生态安全边界，深入实施可持续发展战略，构建新时代生态文明体系，不断推进云南生态文明建设，促进云南经济社会发展全面绿色转型，最终实现人与自然和谐共生的现代化。[1]

---

① 云理轩：《坚持“生态优先，绿色发展” 推动云南生态文明建设实现新进步》，学习强国云南学习平台，2021年1月16日。

花腰傣妇女喜摘芒果（陶学贵/摄）

### （二）红土高原的馈赠

云南拥有良好的生态环境和自然禀赋，地理气候独特，“后发优势”明显，绿色农业赋予了云南农产品纯天然、高品质的品牌内涵，绿色已成为云南农产品的底色。来自红土高原大自然的馈赠，在满足云南本地市场消费需求的同时，还远销至国内外。

云南抓住国家推进农业供给侧结构性改革的机遇，在确保粮食安全基础上，坚持把打造高原特色农业品牌，加快发展云南高原特色农业作为全省的经济工作重点，聚焦茶叶、花卉、水果、蔬菜、坚果、咖啡、中药材、肉牛等8个产业，兼顾其他特色优势产业，打“高原牌”、走“特色路”，全力打响丰富多样、生态环保、安全优质、四季飘香“四张名片”，云茶、云菜、云菌、云花、云油、云南咖啡等一系列“云”字号高原生态绿色农产品成为金字招牌，在全国乃至世界的影响力不断扩大。围绕做优做强做大高原特色农业，云南在以下几个方面持续发力。

以市场需求为导向，在特色上做文章、在优质上下功夫，因地制宜念好“山字经”、唱好“林草戏”、打好“果蔬牌”，形成结构更加合理、保障更加有力的农产品供给体系。全省布局滇东、滇中、滇南、滇西，初步形成具有地域特色的优势种植、养殖业和农产品加工体系。

培育一批农业龙头“小巨人”，引进一些“强龙”助力优势产业发展，加强农民合作社规范化建设，扶持规模适度的家庭农场，加快培育新型农民，各类新型经营主体在市场竞争中壮大，农业组织化程度不断提高。加强引导和指导，通过“龙头企业＋合作社＋种植大户＋各个农户”的方式，让广大农户在龙头企业的带领下闯市场，抱团抵御市场风险。同时，政府部门在制定规划、实施标准、行业监管、公共服务等方面做好工作，定期发布各类信息，让农民群众能够及早掌握市场动态。

通海蔬菜通达四方（陈　飞/摄）

普洱茶（王贤全/摄）

人工晾晒咖啡豆（王贤全/摄）

主攻优势特色农产品加工转型升级，加快发展食品加工业，开发云南“原字号”“老字号”特色食品，提高农产品附加值。以茶叶、蔬菜、水果、花卉、火腿等为代表的“云系”“滇牌”农产品等知名度和美誉度越来越高。

开展农业品牌塑造培育、推介营销和社会宣传，叫响“云系”“滇牌”整体品牌，鼓励企业以工匠精神打造优质产品品牌，让更多的云品销往全国各地，走出国门。充分利用举办国际农产品交易会、南博会等时机，扩大宣传，签署合作项目，不断扩大、增多云南高原特色农产品与市场直接对接渠道。国内市场销售渠道延伸到北京、上海、广东、东北、新疆等地，国际市场则拓展至南亚东南亚地区，品牌影响力不断增强，“墙里开花墙外香”的局面初步形成。

发挥花卉、咖啡、茶叶交易中心作用，加快建设以电子商务为重点的云南农产品物流体系，通过线上线下互动、场内场外共推，形成“爱吃云南菜、爱喝云南茶、爱赏云南花、爱尝云南果”的消费时尚。同时严把食品安全关，狠抓从“种子”到“盘子”的全产业链标准化生产和监管，提升农产品质量安全追溯能力，确保云南农产品始终成为安全放心优质的代名词。

为应对国内和国外经济社会发展趋势，2018 年云南提出全力打造世界一流的“绿色能源”“绿色食品”“健康生活目的地”的战略部署。打造“绿色食品牌”，是高质量发展云南绿色经济的重要战略举措，为进一步做优做强做大高原特色农业指明了方向——依托和发挥云南优势，走以生态优先、绿色发展为导向的农业高质量发展新路子，大力推动质量兴农、品牌强农，做优做强做大高原特色农业，全面提升农业的综合效益。

云南在建立工作机制、完善政策体系、突出有机引领、推动品牌打造和市场开拓等方面都做了大量工作，取得了初步成效。成立由省、厅局主要负责人为成员的工作领导小组，形成了高位推动、上下联动的工作格局。出台《培育绿色食品产业龙头企业鼓励投资办法》《推进云茶产业绿色发展实施意见》《关于创建“一县一业”示范县加快打造世界一流“绿色食品牌”的指导意见》等一系列政策性文件，构建“绿色食品牌”政策支撑体系。云南大抓“有机”的社会氛围已经初步形成，截至 2019 年底，全省农产品出口额达 331 亿元，农产品出口额位居全国第 6 位、西部省区第 1 位；全省获有机产品证书 1023 张，全国排名第 6 位；获证组织 687 个，全国排名第 5 位；获绿色食品认证企业 501 家，产品 1746 个，全国排第 8 位。[①]开展云南省“10 大名品”和绿色食品“10 强企业”“20 佳创新企业”评选，使之常态化，推动了品牌打造。2018 年、2019 年连续开展了两届评选活动，并在 2019 年“中国农民丰收节”当天举行了隆重的表彰活动，获奖的名品和名企擦亮了云南高原特色优质农产品的金字招牌。

云南不断优化农业生产条件和生产方式。照集中连片、旱涝保收、稳产高产、生态友好的要求，以粮食生产功能区和重要农产品生产保护区为重点推进高标准农田建设。支持发展清洗、干制、分级、包装等农产品初加工，引导集成应用生物、工程、环保、信息等技术发展特色农产品精深加工。启动农产品仓储保鲜冷链物流设施建设，支持农民专业合作社、家庭农场、龙头企业建设产地农产品冷藏设施、综合冷链物流集配设施，推广应用移动式冷链物流设施。加快现代信息网络和数字技

①《底色够“绿”，特色够足！万亿级高原特色现代农业产业将凸显“最云南”魅力》，云南发布微信公众号，2020年8月21日。

石林蓝莓种植基地（王贤全/摄）

术的农业应用，全面改造农业生产经营和管理服务。加快推动基础设施向农村延伸、基本公共服务向农村覆盖，建成现代化的农业生产体系。

云南加强统筹协调，以品牌基地、专供基地、示范基地、生态农业基地建设等为重点，加强“绿色食品牌”产业基地认定和管理，确保产品落在品牌上、品牌落在企业上、企业落在基地上；加快推进“一部手机云企贷”平台建设，当好银行与农业企业之间的桥梁和纽带，切实帮助企业解决融资难、融资贵问题；把发展数字农业作为实施乡村振兴战略、推动农业产业转型升级的重要抓手，精心遴选、加强指导，迅速启动数字农业建设试点工作；积极支持普洱茶产业发展重点州（市）建设中国普洱茶博物馆，鼓励建设普洱茶特色小镇，形成云南面向全国乃至世界的普洱茶文化展示窗口。

目前，发展“一县一业”已成为推动云南由农业大省向农业强省跨越的重要抓手，是打造世界一流“绿色食品牌”的重要举措。云南统一思想认识，找准特色优势，精准聚焦主业，明确思路举措，把绿色发展理念贯穿主导产业发展全过程，加快推进“一县一业”示范创建，迅速抢占绿色食品产业发展制高点。在培育本土企业做大做强的同时，积极引入有实力、有情怀、有品位的国内外一流企业投资绿色食品产业。加快农村电子商务发展，努力实现种养、加工、物流、销售到消费各环节数字化。大力推进农村一二三产业融合发展，加快现代农业与全域旅游、教育文化、大健康产业、特色小镇建设等深度融合，为打赢脱贫攻坚战、推动高原特色现代农业高质量发展奠定了坚实基础。

从牛羊满山坡的高山草场到稻浪滚滚的坝区农田，从云雾缭绕的茶山、直接云天的梯田再到四季瓜果香飘不断的河谷地带，绵绵用力，久久为功，随着更多的优势农产品走向全国、走出国门，做优做强做大云南高原特色农业的格局正在云岭大地的良田沃土上实现绿色崛起。[①]云南高原特色农业发展势头强劲，未来可期。到2030年高原特色现代农业产值占全省GDP比重将达到10%，到2035年，将建设成为全国绿色农产品生产基地和面向南亚东南亚特色农业创新发展辐射中心。[②]

### （三）来自彩云之南的童话

云南生态资源条件良好，绿水青山、蓝天白云、良田沃土、人文景观，无不引人向往、令人称道。进入新时代，云南明确了建设成为中国最美丽省份的目标航向。各级党委、政府坚持生态美、环境美、城市美、乡村美、山水美，努力把云南建设成为中国最美丽省份。这是云南贯彻落实习近平生态文明思想、全国生态环境保护大会精神，立足于云南省情实际和发展未来所作出的重大决策部署。全省上下明确新目标，体现新担当，实现新作为，积极投身最美丽云南建设，共同为世界花园的美丽增光添彩。

#### 1. 文旅融合彰显城市之光

云南最大的优势在生态、最大的责任在生态、最大的潜力也在生态。这是云南的独特优势和良好条件。党的十八大以来，特别是进入新时代，随着经济社会的发展，县城成为县域经济发展的第一引擎，是新型城镇化的重要载体，也是联系大中城市、小城镇和广大农村的重要桥梁纽带。云南有129个县城，自然资源禀赋和文化多元丰富，建设“美丽县城”对于云南加快新型城镇化建设、促进县域经济发展、推动全域旅游、实施乡村振兴战略、争当全国生态文明建设排头兵、建设中国最美丽省份

---

①云理轩：《做优做强做大云南高原特色农业》，学习强国云南学习平台，2020年6月12日。

②《底色够“绿”，特色够足！万亿级高原特色现代农业产业将凸显“最云南”魅力》，云南发布微信公众号，2020年8月21日。

沙溪古镇(曹津永/摄)

具有重大战略意义。

云南坚持从规划抓起，从清洁做起，从群众意见最大的问题改起，扎扎实实打造一批名副其实的美丽县城和特色小镇。坚持以人的城镇化为核心，优化城镇化布局与形态，提高城市群质量，推进特色小镇建设，加快形成以滇中城市群为核心，以中心城市、次中心城市、县城和特色小镇为依托，大中小城市和小城镇协调发展的城镇格局。重点围绕“干净、宜居、特色、智慧”四个要素，聚焦功能优化完善、环境美化亮化、管理服务提升、民族文化保护等，用3年时间对全省县城进行全面改造提升，每年评选表彰一批“美丽县城”。持续抓好特色小镇和康养小镇建设，每年评选表彰15个高质量示范特色小镇。截至2021年4月，云南“美丽县城”已达36个，“特色小镇”达27个。[①]

## 城镇魅力在新时代的彩云之南绽放出华美的新颜

建水再现“滇南邹鲁，文献名邦”“燕归古镇，斯文人家”。晨曦中的文庙学海，夕阳下的朝阳楼上，大户人家的朱家花园，百姓人家的古井酒肆。漫步千年建水临安古城，仿佛穿越一段时光隧道，那一头是乡愁，这一头是向往。

大围山下，牧羊河边，一个美丽的苗族姑娘，从山上采撷下一朵鲜花，揉碎了洒在地上，生长出了滴水苗城。从此，这里成为世界苗族人向往的故里，千年苗文化绽放的故乡。

小锤敲过一千年，敲出了声名远扬的新华村，锻造出了享誉中外的银制品。“鹤庆匠人”手中的那把小锤，叩响了云南银器的历史之门，敲出

① 《云南命名一批“美丽县城”和“特色小镇”》，载《云南日报》，2021年4月4日。

了鹤庆银器文化的璀璨回音。

普者黑是水雕刻的作品，是一幅丹青流溢的田园山水画，清澈透亮的湖水，增添了你的灵性，浓郁的彝族、壮族风情，增加了你的味道，三生三世十里荷花，诉说着你的今生前世。

青瓦白墙，雕梁画栋，九曲小巷，四围香稻。喜洲古镇是中国白族风情第一镇，是白族生活的活态体验和白族文化的集中展现。喜洲民居建筑规制严谨，乡村肌理明晰流畅。百二里迤西大地，无能出其右者，堪称典范！

推窗见青山，凭栏听流水，古道蹄声响，入梦那柯里。进入新时代，那柯里续写着茶马古道古驿站昔日的辉煌，谱写了民族团结一家亲的壮美篇章。

有一种味道叫和顺。温润如玉，上善若水。在那一片火山热海环抱中

建水双龙桥（张　彤/摄）

的古老建筑群里，回荡着商贾马帮的铃声，飘溢着耕读人家的书香，播撒着大众哲学的思想，更留下壮怀激烈的悲歌！一生不去体会一次和顺的味道，或许会是一种遗憾。[①]

### 2. 留住乡愁凸显乡村田园之美

“农村要留得住绿水青山，系得住乡愁”，乡愁承载着中国人的家国情怀，是我们的根。在经济发展和城镇化进程中，要让居民望得见山、看得见水、记得住乡愁。秀美山川凝乡愁。乡愁，如同歌曲里唱的那般——“走在乡间的小路上，暮归的老牛是我的同伴，牧童的歌声在荡漾”，或是“稻草也披件柔软的金黄绸衫，远处有蛙鸣悠扬，枝头是蝉儿高唱，炊烟也袅袅随着晚风轻飘散”，[②]又或是幼时对家乡味道的永久记忆。

云南依据乡村的资源禀赋，因地制宜推进美丽乡村建设。在自然条件优越，水资源和森林资源丰富，具有传统的田园风光和乡村特色、生态环境优势明显的地方，把生态环境优势变为经济优势，发展生态旅游。在具有特殊人文景观，包括古村落、古建筑、古民居等，重点发展乡村文化旅游，展示优秀民俗文化以及非物质文化。对于农村环境基础设施建设滞后、环境卫生欠佳的地区，重点实施人居环境整治，改善和提升居民居住环境，打造宜居生态环境。

云南持续出台系列政策，保障美丽乡村建设。根据 2014 年省委、省政府出台的《关于推进美丽乡村建设的若干意见》，云南着力建设“秀美之村、富裕之村、魅力之村、幸福之村、活力之村，打造升级版新农

① 《云南：打造形成一批达到世界一流水平的特色小镇》，载《云南日报》，2019年9月14日。
② 叶佳修词曲：《走在乡间的小路上》《赤足走在田埂上》节选。

村”。从2015年起，每年推进500个以上以中心村、特色村和传统村落为重点的自然村建设，全面推进环境整治、基础设施建设和公共服务配套建设，通过典型示范，串点成线，连线成片，带动全省面上新农村建设。

加强农村生态环境综合治理，积极制定与实施《云南省农村环境保护规划》《云南省进一步提升城乡人居环境五年行动计划（2016—2020年）》《云南省农村环境综合整治规划》《云南省农村能源建设管理办法》《云南省农村人居环境治理实施方案》等规定，明确了农村环境整治任务和目标。坚持从农村环境连片整治、农村饮用水安全、农业面源污染防治等方面着手，重点治理农村饮用水水源地污染、生活污水和垃圾污染、畜禽养殖污染等方面的突出环境问题。此外，还以现代化农村建设为基本主题，在广大农村地区积极推进能源结构调整，以保证农民群众得到真正的实惠，让美丽人居建设惠及更多百姓，让人民群众安居乐业。

通过农村生活垃圾、生活污水治理设施建设，农村治污能力得到提升。进一步建立健全农村生活垃圾、生活污水处理设施运行管理相关制度，拓宽资金筹措渠道，建立“政府扶持、群众自筹、社会参与”的资金筹措机制。同时，强化技术支撑，编制出台农村生活垃圾、生活污水设施运行的有关标准、维护管理技术规范或指南等，积极组织开展相关技术培训，并依托互联网、在线监测等先进技术手段对农村治理设施运行状态实施监控。积极推广生活垃圾、生活污水设施运维的第三方治理工作。

建设美丽乡村，让农民群众过上文明舒适便捷的生活。因地制宜、分类指导，扎实推进农村人居环境整治三年行动，重点做好农村垃圾污

迪庆巴拉格宗特色小镇（彭　刚 / 摄）

保山腾冲银杏村（范南丹/摄）

水治理、村容村貌提升等工作，努力实现村庄环境基本干净整洁有序，村民环境与健康意识普遍增强。以县为单位编制村庄布局规划，加强农村建房许可管理。鼓励将农村人居环境整治与发展乡村休闲旅游等有机结合。实施乡村绿化美化行动，启动建设一批“森林乡村”。开展美丽乡村和最美庭院创建活动，每年组织评选3000个美丽乡村。

截至2021年5月，按照“产业兴旺、生态宜居、乡风文明、治理有效、生活富裕”的评定内容和条件，云南共有983个村庄荣获“美丽村庄”称号。其中，省级美丽村庄97个，州市级美丽村庄417个，县级美丽村庄469个。[①]生态宜居城镇识别和申报工作不断得到加强，正涌现出一批批美丽宜居村庄。

### 3. 美丽的风景的在“路”上

坚持生态优先，让生态成为“最美交通”的最大责任，把生态保护贯穿于项目建设规划、设计、施工、运营及管理养护全过程。在县域高速公路“能通全通”工程建设中，必须牢固树立“最大限度保护、最大限度恢复”的和谐共生理念，尊重自然、顺应自然、保护自然。坚持绿色发展，让绿色成为“最美交通”的鲜明底色。以怒江美丽公路建设为样板，建成一批“资源节约、生态环保、节能高效、服务提升”的绿色公路示范工程。以“四好农村路”建设为抓手，将农村公路打造成为旅游路、产业路、小康路。同时，对已建成的公路，加强沿线美化绿化。坚持服务至上，让服务成为“最美交通”的价值追求。把服务品质作为交通行业的“好形象”来抓，做到内强素质、外树形象。进一步提升高速公路服务区的文化内涵和外观风貌，积极引进更多的知名品牌入驻服

---

①《共983个村庄入选！云南2020年度美丽村庄名单发布》，云南发布公众号，2020年12月30日。

怒江美丽公路（罗金合／摄）

务区。加大公路路域环境整治力度，确保公路“畅、平、美、绿、安”。

建设美丽公路，打造最美丽省份的亮丽风景线。在高速公路两侧100米以外公路视野范围内，对给公路沿线景观造成不良影响的植被破碎区域，采取自然修复与人工修复并举，通过退耕还林、封山育林等方式推进造林绿化和森林扩面提质，实现增绿复绿和环境质量提升。昆明至大理至丽江沿线，以“一条玉带衔明珠，一路青山探秘境”为主题，昆明至西双版纳景洪至磨憨沿线，以“展滇南门户风采，览云岭钟灵毓秀”为主题，建成绿色生态景观廊道，形成展示体验地域民族文化特色的走廊。同时利用“一部手机游云南”App，结合道路运营及维护信息系统，改造提升添加绿化美化及其他景观元素，提升驾乘人员的行车体验。

幸福的日子在路上。2020年1月，随着怒江美丽公路的通车，[①]六库至丙中洛的行车时间已由原来的一天缩短为五六个小时，极大提升了怒江州内连外通的快速运输能力，助推怒江州融入云南省主要城市群、滇川藏国家精品旅游带、中国大香格里拉生态旅游区，并为开发怒江大峡谷、“三江并流”世界自然遗产、高黎贡山国家级自然保护区提供良好的交通支撑条件，为促进地区经济发展、加快沿线各族人民与全国同步全面实现小康社会提供了有力支撑。

建设中国最美丽省份是争当全国生态文明建设排头兵的实际行动，是满足人民群众对美好生活向往的生动实践。在建设中国最美丽省份的新征程上，云南以提升改善城乡人居环境为抓手，充分发动群众积极投身最美丽省份建设的火热实践，用勤劳的双手和辛勤的汗水，建设美丽家园、提高幸福指数，绘就美丽云南新画卷。[②]

---

①《怒江美丽公路全线通车试运行——幸福的日子在路上》，载《云南日报》，2020年1月23日。

②中共云南省委宣传部编：《辉煌云南70年》，人民出版社2019年版，第512—516页。

## 三 绿色之梦

云南牢固树立生态忧患意识，在全社会宣传和培育、传承着人与自然和谐共处的良好风尚，厚植绿色发展理念，从家庭到学校，从企业到社区，从单位机关到服务窗口，倡导绿色生活方式，鼓励民众积极参与到生态文明建设中来。从理念教育宣传入手，广泛动员宣传，扭转以生态优势为出发点的生态环境认知模式，培养和构建以生态忧患意识为出发点的生态环境认知模式。从社会动员着手，把环境保护纳入国民教育体系和党政领导干部培训体系，组织编写环境保护读本，推进环境保护宣传教育进学校、进家庭、进社区、进工厂、进机关。加大环境公益广告宣传力度，研发推广环境文化产品。引导公民自觉履行环境保护责任，逐步转变生活习惯，积极开展垃圾分类，践行绿色生活方式，倡导绿色出行、绿色消费。

### （一）拥抱现代文明生活

云南结合时代主题，多层次，多手段、多渠道、全方位持续开展环境保护政策法规宣传教育活动，在全社会营造了良好的环保舆论氛围，全民环境保护意识得到进一步加强和提升，全社会现代文明生活的绿色环保理念逐步培育。

通过举办环境保护展览，开展环境保护集中宣传活动，在报纸、广播电台、电视台开辟环保栏目，编印宣传刊物等多种方式，进一步扩大了环境保护的宣传范围，提升了干部群众的环境保护意识，也逐渐提升了环境保护宣传工作的科学性和普及性，向外界展示云南良好的生态形象。

百花羞（杨　峥/摄）

1985年冬，数以万计的红嘴鸥首次从西伯利亚飞抵昆明越冬。大批红嘴鸥飞进市区后，栖息在南太桥附近的盘龙江面和翠湖公园水面上，市民争相观睹，海鸥亦与游人相戏，成为市区一大景观。为保护好这些远方的“客人”，昆明市政府发布《关于严加保护红嘴海鸥的通告》，倡导保护好在昆明城乡聚集栖息的红嘴鸥。昆明市政府一直以来不断加大保护和宣传教育力度，人鸥和谐相处的理念逐渐深入人心，成为广大市民自觉的行动。自此以后，每年年底临近冬季，红嘴鸥都会不远万里飞越千山万水准时抵达昆明越冬，从未爽约失信。昆明日益清澈的宽广水域成为寒冬季节留住“远方客人”的温暖家园，观鸥、喂鸥已成为市民与海鸥和谐共处的壮美景观。

20世纪90年代以来，云南确立了“生态立省、环境优先”的发展道路，进一步加大了环境保护政策宣传教育力度。迈入21世纪，开始实施以“七彩云南·我的家园”为主题的七彩云南保护行动，环境保护宣传活动进入了新阶段，极大地促进了云南生态环境保护和建设。通过宣传教育，公众参与环境保护的积极性与自觉性明显提高，全社会的环境保护意识明显增强，人与自然和谐相处的理念更加深入人心。

进入新时代，认真贯彻落实习近平生态文明思想和党的十九大精神，牢固树立和积极践行绿水青山就是金山银山的理念，坚持把绿色发展作为推进生态文明建设的重要着力点抓紧抓实，不断提升生态文明建设水平，在全社会大力培育绿色消费理念。理念是行动的先导。生态文明建设与每个人息息相关，每个人都是绿色发展的践行者、推动者。推

槟榔园中的傣族老人（李永祥/摄）

动生态文明思想教育进校园、进社区、进机关、进军营、进社会服务窗口。积极开展绿色消费宣传教育，通过多种多样的形式和途径，在全社会大力倡导节俭、文明、适度、合理的消费理念，将勤俭节约、绿色低碳的理念融入义务教育、未成年人思想道德建设教学体系。把生态文明教育纳入素质教育之中，与文明城市、文明村镇、文明单位、文明家庭、文明校园创建等评价平台互联互通，使每个公民都成为绿色消费、节约资源、保护环境的宣传者、实践者和推动者。倡导简约适度、绿色低碳的生活方式，实现生活方式和消费模式向勤俭节约、低碳绿色、文明健康的方向转变，力戒奢侈浪费和不合理消费。

**（二）青山绿水在召唤**

保护环境，人与自然和谐共处的理念深入人心，每个人都是生态文明建设的参与者与践行者，全社会从老人到孩童，每代人处处演绎着人与自然和谐相处的动人故事。这样的故事在云岭大地上俯拾皆是，此举四例。

### 老人与海鸥

一位名叫吴庆恒的退休老人，靠微薄的退休金维持生活，但他总是要拿出每月一半的钱来买饼干、面粉和鸡蛋做成鸥粮，每天徒步20余里到翠湖去投喂他心爱的海鸥。老人和海鸥成了朋友，也成了翠湖的一道风景。后来老人于1995年底去世，人们自发为老人塑了一尊雕像并安放在翠湖边，以为纪念，好让老人永远望着他的海鸥。这尊雕像叫作“海鸥老人”。

那是一个普通的冬日。我和朋友相约来到翠湖时，海鸥正飞得热闹。

在投喂海鸥的人群中很容易认出那位老人。他背已驼，穿一身褪色的过时布衣，背一个褪色的蓝布包，连装鸟食的大塑料袋也用得褪了色。朋友告诉我，这位老人每天步行20余里，从城郊赶到翠湖，只为了给海鸥送餐，跟海鸥相伴。

人少的地方，是他喂海鸥的领地。老人把饼干丁很小心地放在湖边的围栏上，退开一步，撮起嘴向鸥群呼唤。立刻便有一群海鸥应声而来，几下就把饼干丁扫得干干净净。老人顺着栏杆边走边放，海鸥依他的节奏起起落落，排成一片翻飞的白色，飞成一篇有声有色的乐谱。

在海鸥的鸣叫声里，老人抑扬顿挫地唱着什么。侧耳细听，原来是亲昵得变了调的地方话——“独脚”“灰头”“红嘴”“老沙”“公主”……

“您给海鸥取了名？”我忍不住问。

老人回头看了我一眼，依然俯身向着海鸥：“当然，哪个都有个名儿。”

“您认得出它们？”相同的白色翅膀在阳光下飞快闪过，我怀疑老人能否看得清。

“你看你看！那个脚上有环的是老沙！”老人得意地指给我看，他忽然对着水面大喊了一声：“独脚！老沙！起来一下！”

水面上应声跃起两只海鸥，向老人飞来。一只海鸥脚上果然闪着金属的光，另一只飞过来在老人手上啄食。它只有一只脚，停落时不得不扇动翅膀保持平衡。看来它就是“独脚”，老人边给它喂食边对它亲昵地说着话。

谈起海鸥，老人的眼睛立刻生动起来。

“海鸥最重情义，心细着呢。前年有一只海鸥，飞离昆明前一天，连连在我帽子上歇落了五次，我以为它是跟我闹着玩，后来才晓得它是跟我告别。它去年没有来，今年也没有来……海鸥是吉祥鸟、幸福鸟！古人说‘白鸥飞处带诗来’，十多年前，海鸥一来，我就知道咱们的福气来了。你看它们那小模样！啧啧……”海鸥听见老人唤，马上飞了过来，把他团团围住，引得路人都驻足观看。

太阳偏西，老人的塑料袋空了。“时候不早了，再过一会儿它们就要回去啦。听说它们歇在滇池里，可惜我去不了。”老人望着高空盘旋的鸥群，眼睛里带着企盼。

朋友告诉我，十多年了，一到冬天，老人每天必来，对海鸥就像亲人一样。

没想到十多天后，忽然有人告诉我们：老人去世了。

听到这个消息，我们仿佛又看见老人和海鸥在翠湖边相依相随……我们把老人最后一次喂海鸥的照片放大，带到了翠湖边。意想不到的事情发生了——一群海鸥突然飞来，围着老人的遗像翻飞盘旋，连声鸣叫，叫声和姿势与平时大不一样，像是发生了什么大事。我们非常惊异，急忙从老人的照片旁退开，为海鸥们让出了一片空地。

海鸥们急速扇动翅膀，轮流飞到老人遗像前的空中，像是前来瞻仰遗容的亲属。照片上的老人默默地注视着周围盘旋翻飞的海鸥们，注视着与他相伴了多少个冬天的“儿女”们……过了一会儿，海鸥纷纷落地，竟在老人遗像前后站成了两行。它们肃立不动，像是为老人守灵的白翼天使。

当我们不得不去收起遗像的时候，海鸥们像炸了营似的朝遗像扑过来。它们大声鸣叫着，翅膀扑得那样近，我们好不容易才从这片飞动的白色旋涡中脱出身来。

……

在为老人举行的葬礼上，我们抬着那幅遗像缓缓向灵堂走去。老人背着那个蓝布包，撮着嘴，好像还在呼唤着海鸥们。他的心里，一定是飞翔的鸥群。①

---

①改编自邓启耀先生的《寂寞鸥灵》。

人鸥同乐（张　彤/摄）

## 昆明小男孩“最帅一跪”的暖心视频和照片刷屏

2020年12月17日下午，一名头戴白帽、身穿校服的男生在云南省博物馆参观时，看到地上有一摊可乐，便跪在地上用餐巾纸把可乐擦干净。这一幕被正要安排保洁处理的博物馆工作人员拍到，瞬间定格。在面对随后记者的镜头时，这位就读于云南师范大学附属润城学校初中部名叫段然天的小男孩说：“这其实就是一个习惯动作，没什么特别的。平时在学校里，看到垃圾都会随手捡起来，见到地上有污渍也会顺手擦干净，在家里也经常帮父母做家务。而且进入博物馆之前，老师还告诉过我们博物馆是一个庄严的地方，要保持安静和干净。这其实就是一件很正常的小事，每个人都能做到。”

班主任对此表示：“段然天就是班上一名很普通的同学，其实班上有很多孩子会这样做。在帮省博物馆找人过程中，发现参观时班上还有另一位同学不小心把水洒在地上，也立马蹲下来擦干净了。我们给孩子的理念就是要从小事做起，细节决定成败。比如在我们班上就不设垃圾桶，让学生自己带垃圾袋，把自己的垃圾带走。”

学校主管学生工作的老师说：“学校的教育理念就是‘先学做人，再学做学问’，立德树人、五育并举，全员、全方位、全过程推行素质教育。在体育节、科技节、读书节‘三节’期间开展研学活动，是为了培养学生的社会责任感、家国情怀、使命担当，段然天的举动就是素质教育的结果，是学校劳动教育成果的体现，也是其良好家风、个人素养的外现。”

云南省博物馆馆长说：“多年来我们倡导的素质教育，在这简单的一跪中体现得淋漓尽致！博物馆为孩子的行为点赞！”①

---

①《“最帅一跪”刷屏，昆明全城寻找的小男孩，来自师大附属润城学校》，载《春城晚报·乐学派》，2020年12月18日。

不仅老人孩童如此，云岭大地多高山峡谷，各个少数民族也在践行着守护绿水青山的庄严承诺，为世界花园筑牢绿色发展的基石。

## 一念之间，明天更美好

德宏景颇族和傈僳族村民从“狩猎人”变成“护鸟人”，从“砍树人”变成“护林员”，从普通村民变成“鸟导”。

位于中缅边境的云南省德宏州的石梯寨，与缅甸山水相连，也是南方古丝绸之路出境的重要通道，曾经因为在悬崖峭壁上开凿阶梯出行而得名。与此同时，石梯寨也是中国生物多样性最丰富和鸟类资源最集中的地区，有鸟类400余种，包括犀鸟、国家一级重点保护动物灰孔雀雉等珍稀鸟类。

石梯寨地处边境山区，是一个景颇族和傈僳族杂居的村寨，共有45户185人，最高海拔1300米，山下的洪崩河吊桥从大盈江上横跨而过。[①]昔日的石梯寨交通相对闭塞，贫困程度深，2017年前村民住的都是木板房，村民多是景颇族和傈僳族，以往主要靠打鸟、狩猎为生。随着我国生态文明建设的推进，环保理念的深入人心，更由于成为践行“绿水青山就是金山银山”的亲身受益人，如今，他们从“狩猎人”变成“护鸟人”，从“砍树人”变成“护林员”，村民积极发展观鸟产业，村寨有着“犀鸟谷”的美誉。带领摄影游客到观鸟点的傈僳族小伙子蔡武说：“平时每天喂食的时候我就这样一边投食一边模仿鸟叫，我一放一叫它们马上就来。以前我们不搞这个鸟点的时候，鸟都不敢到我们旁边来的，现在的话我一在旁边，它们就守着啦！”2015年，蔡武从科考队那里第一次听说观鸟可以致富，在县政府和观鸟协会的指导下，蔡武等村民学习鸟类知识，建立鸟类

①《云南盈江石梯村走“观鸟”生态致富路贫困户变身护鸟人护住金饭碗》，载《法制日报》，2020年12月3日。

观察点，第一年便吸引了300多人前来观鸟，一年一个人差不多增加了一两万元，2017年、2018年这两年收入持续大幅增加，每年有七八万元。据盈江县观鸟协会工作人员介绍，很多鸟类日常栖息的生动场景成为很多摄影师争相拍摄的镜头，目前全村建有45个这样的观鸟点。另外，

嬉戏中的犀鸟（董晓琳　王　勃/摄）

村民还通过为游客提供隐蔽的拍摄地点、给游客背包、提供午饭等服务增加收入。在 10 月份的观鸟高峰期，村民平均每天接待 40 名摄影师，有 2000 多元的收入。如今村里有 30 人当上了“鸟导”，20 户人家开起了旅馆，25 个年轻人考了驾照买了车。2017 年以来，石梯寨年均接待观鸟的游客 2

德宏盈江双角犀鸟（董晓林　王　勃/摄）

万人次，村里有的村民还办起了农家乐，生意也出乎意料地火爆，每年能有两三万元的收入。村民的护鸟行为和观鸟产业的蓬勃发展，还吸引了省外热心的帮助者。有的帮助者搬到村里居住，一边为村民介绍一些鸟类知识，一边帮村民开发旅游产业，开展一些自然与民族文化深度体验的项目。

守住绿水青山，赢得金山银山。如今，村里家家户户都建起了独具民族特色的安居房，不少农户家里还开起了客栈，现在的石梯寨已成为盈江县生态保护、民族团结、强边固防的示范点，成为美丽和谐的边境村寨。

## 天使的花房——泸沽湖畔，一个民族的守护

杜鹃又开始漫山遍野燃起来了。

端午过后，雨从山头上下来，淅淅沥沥，润物无声，高山盆地及草滩上，鸟嘴似的草芽拱出松软的泥土，渐渐地染绿了山峦河谷。

……

在我的故乡，正值杜鹃花开放时，恰好是雨季，四山都肥沃了，溪流都丰腴了，杜鹃花便迎风开放了，有黄的、白的、红的。黄的像黄玉雕成，五六十朵聚在一棵树上，四面还有翠绿的巨叶作衬托，叶面像打过蜡一样光艳照人，叶背上却有黄茸茸的长毛。白的杜鹃花，像在牛乳中浸泡过，白得纯粹，花心里还缀着一小丛红头的蕊，远远望去，犹如一棵墨绿的树上歇满了一群白鸽，一只只光彩夺目。红的杜鹃花，更是醒目撩人，一片山坡，都被杜鹃花点燃了。而在密密的树林中，只要有那么一簇杜鹃，这片密林便有了生机与活力，它永不寂寞地独自微笑着，不管有没有人欣赏或赞叹，它总是每年盛开一次。小时候，我每每上山砍柴或放牧，总爱躺在杜鹃花树下，那时不懂欣赏，但我发现一个小小的秘密，那么多的杜鹃

花开了，可是树上并没有蜜蜂来采蜜，一只也没有。是花有毒，还是杜鹃花没有蜜？这我不知道，我的确没见过蜜蜂在杜鹃树上嘤嘤啜饮。这种树真是一种清奇古怪的东西，它不染人间烟火事，只宜在青灯古寺里敬奉在佛旁，可我最终也没有见过在寺庙或神台上用这种花祭典，而柏香、莲花、青叶枝却常常出现在古色古香的宗教礼仪中。这个秘密直到今年才算解开。

今年，我在泸沽湖畔搜集整理摩梭人的达巴经典，与达巴老人朝夕相处，顺便把这个疑问向他提出。达巴老人说，这可能跟一段创世史诗有关。他告诉我，创世之初，人间被洪水淹没，只有一个人逃出灭顶之灾，他就是人类始祖曹得鲁衣若。他在大地上流浪，举目没有同类，四处满目疮痍，他不堪忍受孤独和寂寞，常常泪流满面，时时祈求神灵。终于，他的赤诚感动了天神，天神阿巴笃告诉他，他可以砍来杜鹃木造人，制成女体，埋在大地上，过了7年零7个月，她就会变成他的伴侣。可是，曹得鲁衣若等不得7年零7个月，又求神灵缩短时间，神灵告诉他，那就等3年零3个月吧。但是，求伴心切的曹得鲁衣若心急出乱子，算错了日子，只有3月零3天，他就掀开泥土看。只见杜鹃木人，有眼没有珠，不能看见人；有手有脚，可是不能动；有嘴没舌，张嘴结舌不能语。曹得鲁衣若只好把杜鹃木丢进山谷。他到天宫去，寻求天女做伴侣。从此，杜鹃木人，也不能当柴烧，人们讥讽那些笨手笨脚的人是“摸斯普都”，即杜鹃木人。达巴格言中还有“三年没有蜂绕身，就像杜鹃没有蜜”，这是指人的青春之气已逝，不久将告别人世之意。

杜鹃树并不高。最高的也就五六米左右，虬枝峥嵘，叶片宽阔浓绿，枝繁叶茂时，一片墨绿笼在山野，风姿绰约，气势不凡。据记载，全世界野生杜鹃共有850种，云南省占了250余种，而在250余种里，黄颜色有长毛的大叶杜鹃最名贵，在其他地方都没有栽培成功，只有云南有这个品

泸沽湖畔里格岛（张　彤/摄）

种。远在古代，这种名贵的花已被载入史册，我说的史册不是《史记》《后汉书》或《本草纲目》之类，而是纳西族东巴象形文字。东巴文中，每当叙说到树，总会发现一个词“寒依巴达”，即指黄杜鹃。“寒”即黄金，“依”即有，这是说，在翠绿大片叶后面有黄金一样的茸毛。我想，当纳西人还在居那什罗山下徘徊或迁徙时，常常遇到“寒依巴达”树，那种树和花一直在记忆中燃烧，挥之不去，于是，在《崇搬图》《黑白争战》《鲁般鲁饶》《祭风》等史诗中，成为一种永恒的象征，永久地传导着某种情结。

在我的记忆中，与杜鹃花的奇遇，还有一次难忘的经历。那是碧塔海的杜鹃。

碧塔海的水，不像是水，像是碧玉里流出的汁液、山神的琼浆。冰凉的水，干净得能摄出人的魂。在这里不宜摄影，照出来的影像都像是假的。水边一丛丛杜鹃，花开了，水里也有一簇簇，分不清哪是真哪是假，倒影比岩上的还清晰。风一阵、雨一阵之后，花瓣纷纷飘落，树下的水，被花染红了，花瓣在水里漂浮。雨来了，花落鱼游，花静下来，鱼就聚拢，跃起身来，花瓣落入鱼口，嚼得多了，鱼就会中毒，昏昏然翻起白肚，漂在花瓣间。这是鱼为花殉情，还是花为鱼情死？不得而知，人们称这一现象叫“杜鹃醉鱼”，这名儿取得妙。若说死，那不够艺术，是醉，醉翁之意不在酒，鱼情愿醉死花下，花情愿融入痴情里，这是一个神秘而美妙的境界。每年落花时节，据牧人说，吃了花而亡的鱼群漂满岸边。但没有人去捡鱼来吃，藏族人不大吃鱼，尤其对于这些情死者的尸首，只要还怀着一点爱意的人都不该吃。让那些在神的花园中殉情的魂灵，寻到回去的路。

碧塔海，真是一个人间的瑶池，湖岸上的花，是天使的花房，只有天使才能支配那些美绝人寰的杜鹃花。据说在月明星稀的夜晚，没有风和雨时，一个人静静坐在湖岸，会听到一阵又一阵裙裾窸窣的声音，也许是天使们在幽会吧。

一片碧水、一痕雪山、一簇杜鹃、一个故事，旅人，你已经知足了，你还能带走什么呢？

我只有默默地在心中膜拜，我深深懂得，人该有些禁忌，连我族人的巫师都懂得：大美的东西有大险，应该审慎，在心中留恋，而不该贸然触动。太近了，免得烧伤翅翼。[①]

正是有民众不分老少、民族的世代守护与积极参与，彩云之南的世界花园不断绽放出迷人的美丽，成为心灵向往的地方。

随着生态文明建设制度体系的不断完善，夯实了世界花园的制度框架，九大高原湖泊实施“一湖一策”的治理举措，河（湖）长制使全省的主要河流都有了管理和维护的责任人，滇池、洱海、抚仙湖、泸沽湖等高原明珠再现万顷琉璃、碧波荡漾，江河清流安澜，云岭大地满目青翠，郁郁葱葱。城乡人居环境持续改善，从滇东到滇西、从滇中到滇南的广袤大地上，人与自然和谐共生的绿色之路更加宽阔，新发展理念指引下的绿色之道更加坚定，守护青山绿水的公民自觉性行动更加有力，彩云之南青山绿水，鸟语花香，绿色已成为世界花园彩云南最美丽的底色。

---

①拉木·嘎吐萨：《天使的花房》，未刊稿，2010年。

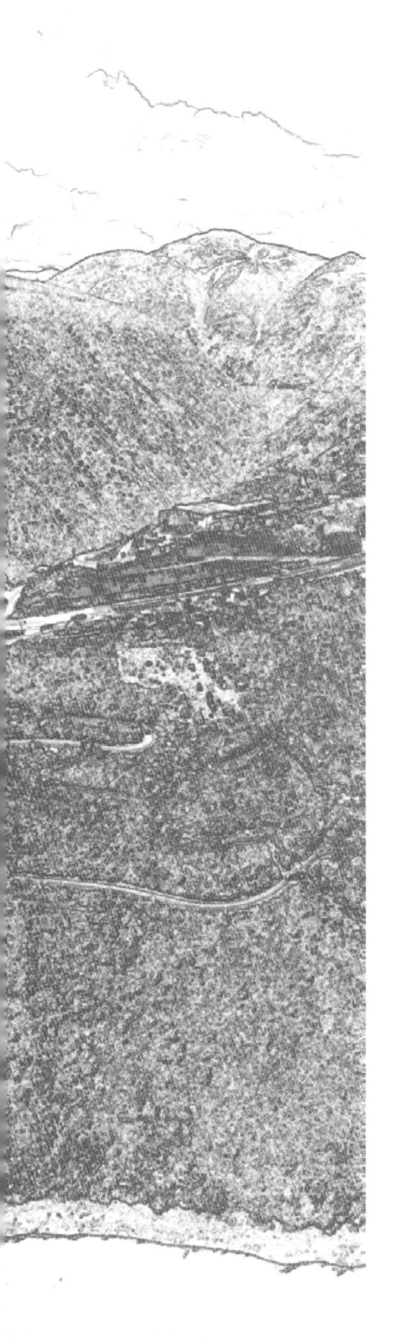

第四章

# 美美与共

Chapter IV　Inclusive Coexistence of Diverse Beauty

云南境内山岭纵横、水系交织、湖泊棋布，水能资源极为丰富。全省大小河流共有 600 多条，其中较大的有 180 条，是多条入海河流的上游。这些大小河流的集水面积遍于全省，分属六大水系，连接起了云南与国内周边省（区、市）、周边国家的自然及人文资源。上下游地区“各美其美，美人之美，美美与共”，云南正携手周边切实推动流域内经贸合作、人文交流和生态保护，共建地球生态命运共同体。世界花园有赖于云南与周边地区和国家携手共建，世界花园的美丽与芬芳也为这些国家和地区共享。

## 一 水乳大地

六大水系中，金沙江－长江、南盘江－珠江为国内河流，云南处于上游地区，与国内其他省（区、市）形成了联合保护的责任与义务。云南不断推进长江经济带环境综合治理、打造珠江源生态带和南盘江生态走廊，推进流域生态环境系统修复，成效显著。

### （一）讲不完的母亲河故事

发源于青藏高原的金沙江从云南省德钦县入境，穿越滇西北的崇山峻岭后，流经迪庆、丽江、楚雄、昆明和昭通等 5 个州（市），在昭通水富市形成长江第一港口水富港。金沙江在云南省境内奔腾 1560 多千米，流域面积达 10.95 万平方千米，不仅孕育了多元丰富的民族文化，还是长江上游重要的生态安全屏障，关系着下游省（区、市）的生产、生活和用水安全。一江清水出滇入蜀，不仅是金沙江流域云南人民的现实需求，也是长江下游千万群众的殷殷期盼。

作为长江经济带上游的重要省份，云南主动融入和服务长江经济带建设，始终坚持“生态优先，绿色发展”，严守资源消耗上限、环境质量底线和生态保护红线，把长江流域“共抓大保护、不搞大开发”重大战略思想运用到全省生态文明建设排头兵的全过程、全领域，唱响了绿色发展的主旋律。

#### 1. 守住金沙碧水

金沙江流域是长江的重要源头和组成部分，是长江森林生态系统多样性最集中也最为脆弱的地区之一，同时也是对长江流域社会、经济可持续发展中生态的可持续性最具影响的地区。因此，抓源头治理对于区域发展及全流域可持续发展都具有极其重要的意义。[1]地处长江上游的云南省，围绕“共抓大保护、不搞大开发”的要求，在生态保护、污染治理、保护与发展协同等方面采取了一系列措施，共同守护着长江上游的生态屏障，同时也为践行生态优先、绿色发展进行了有益探索。长江经济带云南区域涉及迪庆、丽江、大理、楚雄、昆明、曲靖、昭通等州（市），流域面积 10.95 万平方千米。围绕坚持生态优先、绿色发展，沿江各州市着力破解生态环境保护与经济发展之间的矛盾。

金沙江在云南的第一站，是迪庆藏族自治州。湛蓝的天空、白色的雪峰、绿色的山林、碧绿的河流，勾勒出它纯粹洁净的颜色。迪庆最大的优势在生态、最大的责任在生态、最大的潜力也在生态。迪庆地处青藏高原与云贵高原的过渡地带，是我国生物物种最丰富的地区之一，也是水源涵养、水土保持与生物多样性保护的重点地区之一，是“两江”流域和西南地区重要的生态屏障，生态地位独特而重要。迪庆州切实把修复长江生态环境摆在压倒性位置，立规矩，明方向，提升长江岸线人民群众幸福感和获得感。近年来，迪庆州各级党委、政府和主体职责部门不断提高思想认识、增强环保责任，不仅大力实施“七彩云南香格里拉保护行动”，持续开展天然林（草场）和高原湿地等保护工作，还大力推进“蓝天行动”“青山行动”“绿水行动”“净土行动”。2018 年以来，迪庆州空气环境质量同比提高 0.3 个百分点，水环境质量进一步改善，全州环境质量呈稳中趋好态势。[2]《2018 年云南省公众生态环境满意度调查报告》显示，迪庆公众生态环境满意度为 94.3%，位居全

①全国政协常委、中国作家协会副主席白庚胜在“同护一江水 · 共建绿长廊——第三届长江上游绿色产业发展丽江华坪云端论坛”的讲话，丽江网，2020年8月18日。

②《力保“一江清水”向东流》，载《云南日报》，2019年1月6日。

长江第一湾（崔永江/摄）

昭通水富港（柴峻峰/摄）

省第一。2019 年监测数据反映，迪庆州环境质量持续改善，呈稳中趋好态势。

丽江因金沙江三面环绕，以“金生丽水”而得名，同时拥有世界文化遗产丽江古城、世界自然遗产三江并流、世界记忆遗产东巴文化古籍等三大世界遗产。金沙江丽江段长 615 千米，约占长江总长的 1/10，金沙江总长的 1/4，有 93 条一级支流，在长江经济带战略中，区位特殊、位置重要，是长江中下游地区生态安全的重要屏障。丽江境内自然资源丰富，有最靠近热带的冰川雪山、最靠近寒带的芒果产地，植物达 1.3

万余种，享有“高山植物王国”“天然物种基因库”的美誉，是全球景观类型、生态系统类型和生物特种最丰富、特有物种最集中的地区之一。1994 年，玉龙雪山区域率先停止森林采伐；1998 年，全面落实天然林禁伐要求，实施天然林资源保护工程。围绕金沙江绿色经济走廊建设，丽江正以“两山三湖一江一城”为重点，着力构建国家生态安全重要屏障，在丽江金沙江流域内先后实施了长江防护林、天然林保护及退耕还林等重点生态工程。丽江的森林覆盖率由此从历史最低时期的 31.4% 提高到目前的 68.48%，森林蓄积量从 21 世纪初的 0.82 亿立方米增长到现在的1.11亿立方米，森林蓄积量和森林覆盖率实现双增长，森林质量和生态功能稳步提升。在丽江华坪县境内金沙江流域年均输沙量从2005年的2.23亿吨下降到2019年的0.94亿吨，鱼类从2013年的35种增加到2019年的61种，水质达标率100%，县城环境空气质量优良率100%，森林覆盖率达到72.66%。

楚雄是滇中“翡翠”，乌蒙山、哀牢山、百草岭峰峦叠嶂，延绵不尽，金沙江、红河两大水系日夜奔腾，润养万物。楚雄森林资源丰富，“十三五”末全州森林覆盖率达70.01%，较“十二五”末提高4.15个百分点，森林蓄积量达1.26亿立方米。高森林覆盖率决定着高负氧离子含量，10个县（市）环境空气质量优良天数比例达98%以上，是名副其实的绿色能源宝库。金沙江流经彝乡楚雄的元谋县、大姚县、武定县等地区。一级支流龙川江流经南华县、楚雄市、禄丰县，横穿元谋县坝区，最终在元谋县北部的江边乡汇入金沙江，被誉为楚雄州的母亲河。2019年以来，结合长江保护修复攻坚战行动计划，楚雄积极争取金沙江流域沿岸生态修复资金，对金沙江干流两岸各10千米范围内12个历史遗留的废弃露天矿山生态环境破坏问题进行综合整治，进一步改善金沙江流域沿岸地质生态环境，消除地质灾害隐患，减少水土流失，助力长江经济带成为生态文明建设的先行示范带。持续推进龙川江等河道流域的生态化系统改造，通过河床湿地化、河坎生态化、河岸景观化等手段，营建了青山嘴水库库区人工湿地、彝海公园湿地、鱼坝和哨湾湿地等一批“地球之肾”，过滤净化金沙江水体、涵养水土。

昆明是长江经济带上的重要城市，其所辖的两个县（区）地处金沙江流域。东川区是典型的资源枯竭城市，近年来通过科学创新探索泥石流治理、荒山植绿的办法，形成了全国闻名的泥石流防治“东川模

白鹭翩跹（和晓燕/摄）

式”。同时，通过“小江抽水造林”成功实现13000亩荒山造林。据统计，东川水土流失面积从2000年的1309.56平方千米减少到2017年的1056.63平方千米，森林覆盖率由2005年的20.8%上升到2017年的33%。禄劝彝族苗族自治县作为滇中北部生态屏障、昆明市水源保护地，生态涵养功能尤为重要。禄劝将生态环境保护工作的落实情况列入领导干部年度政绩考核的重要内容，坚决实行“一票否决制”和“责任追究终身制”。全面实施环境网格化监管，在环境污染联防联控、环保行政与司法相衔接、环保公益诉讼、公众参与方面建立了一套行之有效的新机制。同时，修改和完善《禄劝彝族苗族自治县生态保护红线划定方案》等一系列措施，让全县森林覆盖率由1985年的32.10%提高到2018年的57.12%。

金沙江在昭通市流经巧家、鲁甸、昭阳、永善、绥江、水富等6县（市、区），全长约460千米，流域面积达2.3万平方千米。面对全市山区、半山区土地占区域面积的96.4%，水土流失面积占区域面积的45%，土地石漠化程度为15%的环保压力，昭通把修复长江上游生态环境摆在重要位置，深入开展“山水昭通”“森林昭通”“清洁昭通”建设。通过开展长江入河排污口排查整治，印发《长江支流赤水河昭通段入河排污口排查整治方案》，航测、人工排查等任务正稳步推进。昭通市政府还与11个县（市、区）政府及市直相关部门签订了《土壤污染防治目标责任书》，将土壤污染治理重点工作任务分解落实到县（市、区）政府及市直各部门，并在县域内实现土壤环境质量监测点位全覆盖。经过坚持不懈的努力，全市现有林业用地面积1874.55万亩，退耕还林还草127.13万亩，石漠化综合治理498平方千米，治理水土流失面积701平方千米，新增绿地面积764.44万平方米，建立自然保护区 12 个。全市森林覆盖率已从 20 世纪 80 年代初期的 6.7% 提高到了 2020 年的 47.2%。昭通市通过长江上游水土保持重点防治工程和小流域治理工程，累计治理水土流失面积 2043 平方千米。推进水源地环境整治，全面构建“治、用、保”流域治污体系，境内 24 条主要河流监测断面优良水质比例达到 87.5%，石漠化地表植被覆盖率在原有基础上

乌蒙山麓下的社会主义新农村（张　彤 / 摄）

提高 15%。

### “鸟类熊猫”黑颈鹤的度假胜地——昭通大山包

大山包黑颈鹤国家级自然保护区位于云南省昭通市，地处云贵高原凉山山系五莲峰山脉分支的高原面上，地貌类型单元为高山丘陵。大山包保护区以黑颈鹤、湿地、草甸、峡谷、云海、日出、日落等生态自然风光著称，是中国黑颈鹤单位面积数量分布最多的保护区。主要保护对象是国家一级保护野生动物黑颈鹤及其越冬栖息地亚高山沼泽化草甸湿地。根据调查，保护区内有动物 10 目 28 科 68 种，草甸植被以亚高山沼泽草甸为主，是带有一定原生性的自然植被。云南大山包湿地是全国 30 块、云南省 4 块“国

灿烂绚丽的大山包（郑远见 / 摄）

际重要湿地”之一，2011 年 12 月入选“中国最美湿地”。保护区内的鸡公山大峡谷绝对高差达 2650 多米，比美国科罗拉多大峡谷还深 1000 米。

大山包风光随季节变化而不同。5 月伊始，各种野花竞相开放，茫茫高原，琼花瑶草争奇斗艳，把苍凉的大山包点缀成一个世外桃源般的梦幻世界。秋冬来临，沼泽湖泊，星罗棋布，高原风光，色块斑斓。这一季节，黑颈鹤、绿头鸭、斑头雁等各种禽鸟云集于此，在草丛中、水面上嬉戏漫游，广袤的高原多了一番诗情画意。

黑颈鹤是世界上最罕见的一种鹤，是世界上 15 种鹤类中唯一在高原上繁殖和越冬的鹤类，数量十分稀少。夏天主要在青藏高原人烟稀少的地区巢居，每年 10 月至次年 4 月飞临云贵高原越冬。被誉为“鸟类熊猫”

白色浪漫的大山包（郑远见 / 摄）

的黑颈鹤，是人类发现最晚，也是世界上唯一生活在高原的珍贵禽类。它与大熊猫齐名，目前全世界仅存8000多只。在云南主要分布在滇东地区的昭通、会泽一带，而昭阳区的大山包乡，是黑颈鹤最大的越冬栖息地。来大山包越冬的黑颈鹤近几年数量都在1000只以上，2020年在大山包越冬的黑颈鹤的种群数量已经达到1717只，这个数据刷新了保护区从1990年成立以来黑颈鹤观测数量的历史最高纪录。

在平均海拔3000多米的大山包高山湿地中，云遮雾绕里、草山碧水间的一群群“优雅舞者”黑颈鹤，赋予了大山包与众不同的灵气与神秘。随着越来越多的游客、观鸟者等慕名前来，当地从2010年接待游客3万

黑颈鹤鸿渐于陆（郑远见／摄）

人次上升到2015年12万人次。同时，由于大山包保护区范围与大山包镇行政范围高度重叠，人鹤争地、旅游开发等问题日益突出。大山包属高寒贫困山区，地理气候条件恶劣，环境承载力有限，经济发展水平较为落后。基于大山包贫困实际及其重要的生态定位，当地党委、政府按照“保护优先，合理利用，实现生态保护与经济发展双赢”的原则开展生态扶贫工作。从小海坝、尖嘴屋基等黑颈鹤夜宿地迁出村民330余户1300多人，并将迁出村民所余留的8000多亩耕地全部恢复成草场和湿地，有效地解决了人鹤争地的矛盾。

大山包地处高寒冷凉山区，黑颈鹤野外觅食容易出现食物短缺。但入冬之后，山坡上一片片土豆、燕麦、苦荞、玉米，成熟了也没人去采收，只见一群群自由觅食的黑颈鹤。原来，大山包保护区管理局组织当地村民按照传统种植方式，在黑颈鹤主要栖息地种上3700多亩土豆和大量苦荞、燕麦、玉米，只种不收，每年还储备大量用于人工投食的玉米，为黑颈鹤安全越冬提供了充足的食物。

通过环境整治，人类活动明显减少，生态环境改善，湿地恢复，草地繁茂，黑颈鹤“呼朋唤友”栖居于此，实现了从“人鹤争地”到“人退鹤来”，再现了鹤翔于天、声闻于野的景观，促进了人与自然和谐相处。

早在2000年，云南就确立了“生态立省、环境优先”的发展战略，率先开展了生物多样性保护条例立法和生态保护红线划定的工作，制定并通过了首个以自然生态资源为对象的保护与建设规划《云南省生态保护与建设规划（2014—2020年）》及《中共云南省委　云南省人民政府关于加快推进生态文明建设排头兵的实施意见》等。一系列领先全国的行动举措，推动云南生态保护建设不断向纵深发展。相继建立起生态补偿、河（湖）长制、农田水利改革、国家公园体制改革、生物多样性保护、集体林权制度改革等一批在全国范围内具有突破性、标志性的制度，并将生态文明建设纳入领导干部综合考核评价、全省综合考评和县（市、区）委书记工作实绩量化考核。2020 年 7 月正式施行的《云南省创建生态文明建设排头兵促进条例》成为云南省生态文明建设首部综合性、统领性、倡导性、促进性的地方性法规。与此同时，根据国家出台的《长江经济带发展规划纲要》，云南印发实施了《长江经济带发展云南实施规划》，研究制定了云南省长江经济带森林和自然生态保护与

昭通鹦哥金沙江大桥（柴峻峰/摄）

恢复、长江岸线（云南段）开发利用与保护等专项规划，为云南省主动服务并融入长江经济带建设提供了制度保障，在推动长江经济带发展中体现了云南担当和云南贡献。

云南长江上游地区还注重加大推进生态文明建设示范区创建进程。在昭通市，水富市、盐津县先后成功创建省级生态文明县，全市创建省级生态文明乡镇（街道）41 个、市级生态文明村 795 个；建成国家级自然保护区 4 个、市级自然保护区 8 个、县级自然保护区 3 个、国家级水产种质资源保护区 1 个、省级风景名胜区 2 个、国际重要湿地 1 处、

省级湿地 1 处、国家森林公园 2 个，保护面积达 1.2 万平方千米。与此同时，昭通市还以督查整改为契机，紧紧围绕督查整改重点任务，推动解决突出生态环境问题，先后召开多次会议，研究部署整改工作，出台与生态文明建设和生态环境保护相关的政策文件若干份，推动了各项整改工作的有效落实。大力推动退耕还林、退耕还竹，在乌蒙山片区搬迁近 36 万人。通过固体废物清理、面源污染防治、水域岸线保护、水生态修复、清洁能源利用等治理行动，2018 年昭通中心城市空气优良率达 99.5%，为近 20 年来最高水平，城市越来越美，群众幸福指数越来越高。

### 2. 书写绿色发展新篇章

习近平同志指出，“经济发展不能以破坏生态为代价，生态本身就是经济，保护生态就是发展生产力”。把握好绿水青山与金山银山的辩证关系，才能找到经济发展与环境保护的平衡点，进而实现由“环境换取增长”向“环境优化增长”的“双赢”转变。云南作为欠发达地区，面临着既要保护生态又要发展经济的双重任务。将新发展理念贯穿到各个方面、融入发展全过程是云南的必然选择。

围绕“全国生态文明建设排头兵”的战略定位，瞄准长江经济带发展目标，云南把保护和改善生态环境与深入推进供给侧结构性改革结合起来，积极参与沿江产业承接转移和分工协作，优化长江沿岸产业布局，探索区域绿色低碳循环发展路子。对于地处长江中上游的云南而言，如何念好“山字经”，唱好“林草戏”，做好“水文章”，将生态资源转化为经济效益，通过地方经济和群众收入双增加，进而激励大家积极参与流域生态环境保护，既是奋斗目标，也是艰巨任务。

华坪以水电开发建设为重点，着力打造绿色清洁能源经济带；元谋、武定以优质果蔬为主打造“热区作物种植经济带”；丽江、香格里拉以“三江并流”、高山峡谷等自然景观资源为依托打造世界级旅游景区；昭通依靠金沙江流域资源和区位优势打造三产融合发展综合示范区。通过多年努力，绿色已成为云南发展的底色，绿水青山正释放出巨大生态效益、经济效益和社会效益。

## 丽江市华坪县实现由“黑”到“绿”的华丽转身

地处长江上游金沙江中段的华坪县，曾是全国100个重点产煤县之一，煤炭产业在2003—2013年的黄金十年间，支撑了县域经济的半壁江山。2013年产煤高峰期，华坪县原煤产量高达740万吨，13.3亿元的县级财政总收入中有70%以上源自煤炭产业。

快速发展的煤炭产业在给当地带来源源不断经济收入的同时，也使县域生态环境遭受到了前所未有的破坏。由于当地煤炭产业“先发展、后规范”的情况非常突出，导致煤炭开采遍地开花，国有企业、集体经济、个人齐上阵，有证无证一起采，不规范的乱采、滥采和超采现象十分突出。曾经的全县煤炭主产区石龙坝镇，环境破坏最严重的时候，由于镇上的青年在体检时由于心肺功能不合格而连着几年都没有合格兵源。矿区群众生产生活环境的持续恶化，当地政府和群众都开始反思，虽然因为煤炭产业大家的口袋都鼓起来了，但是大家赖以生存的环境却变差了。物质财富的增长固然重要，但是良好的环境更重要，因为那是维持健康愉悦身心的重要基础。

面对困局，华坪县委、县政府坚持理论联系实际，主动践行生态优先、绿色发展理念，把环境约束转化为绿色机遇，加快制定绿色发展战略，以壮士断腕的勇气和决心压减煤炭产能。抓住云南打造“绿色能源牌”的机遇，

华坪县万亩芒果园（杨 峥/摄）

立足金沙江中游六级电站水电富集优势，用清洁能源大力发展清洁载能产业，推进以隆基绿色硅材加工一体化项目为主导的清洁载能产业发展，全县生产总值能耗下降35%以上，单位生产总值二氧化碳排量下降31%以上。积极推进传统产业转型升级，奋力闯出一条“矿业转型、矿山转绿、矿企转行、矿工转岗”的“四转”新模式，实现了煤炭产业的绿色转型，挖煤人变成了种树人，煤老板变成了“果”老板，华坪县实现了由“黑”到“绿”的华丽转身，成为长江中上游地区绿色产业转型升级的典范。

## 迪庆：守住绿水青山，收获金山银山

迪庆州实施旅游发展生态化路径，守好绿水青山，在经济效益、社会效益方面实现了双丰收，从普达措国家公园建设管理中可见一斑 。普达措国家公园是以与国际接轨的国家公园先进理念和技术为指导进行规划和建设的中国第一个国家公园，是创建和谐社会，积极探索生态环境的有效保护与资源可持续利用方面的创新，也是云南省在长江中上游地区生态保护中敢于担当的具体表现。

多年来，生活在普达措景区周边的村民小组一直过着半农半牧的生活，因海拔高、耕地少、农作物经济效益差等地缘条件限制，居民生活仍然贫困。普达措旅游开发后，为实现普达措国家公园与社区的共荣发展，迪庆州开展旅游反哺社区的惠民政策，公园从协调社区发展，探索政府、企业、当地社区共同投入、共同管理、共建共享的新模式，在坚持生态保护优先的基础上，建立社区参与保护的发展机制。

以景区周边的洛茸村为例。由于地处景区核心区，该村寨被划定为一类旅游反哺受益区，享受户均 19000 元 / 年，人均 5000 元 / 年的资金反哺。同时，洛茸村还享受公园教育激励机制，凡上高中、中专的学生每人享受

**雨中洛茸村（郭　娜 / 摄）**

3000 元 / 年的资金补助，就读大专的每人享受 4000 元 / 年的资金补助，就读本科以上的每人享受 5000 元 / 年的资金补助。公园还积极提供公益岗位，既有效提高了村民参与公园保护、管理的积极性，也充分体现了政府主导、多方参与，共投、共建、共管、共享的公园治理发展新模式。

地方政府不仅通过公园经营吸纳周边村民就业，也支持培育扶持社区自己的旅游产业。洛茸村在地方政府、公园和集体资金的支持下，建成了为游客提供集藏族民俗、餐饮、住宿、休闲于一体的“幽悠庄园”。园内用工主要为洛茸村民，庄园收益采用公司托底的方式，使洛茸村 36 户人家每年每户收入不低于 2 万元。村民从事传统农牧产业获得的生态产品主要供给庄园使用，既提高了村民从事旅游服务的技能，还催生了产业联动的效应，使公司与村集体良性互动，合作共赢，形成公园与社区和谐发展的局面。

正如洛茸村村主任边马所说：“从我们的先辈开始就十分注重生态的保护，20 多年前就把生态保护写进了村规民约，我们生在山中、长在山中，山林就是我们的衣食父母。近年来，各级党委、政府下大力气保护生态，出台生态反哺惠民政策，我们村民得到了很大的实惠。现在，村民们更加注重生态的保护，自发组成巡山护林队，每年从 5 户村民中抽出 5 人组成专职护林队，每年轮换，目的就是为了更有效地保护好我们赖以生存的青山绿水。”

## 半城苹果满城香

昭通是云南贫困人口最多、贫困程度最深、贫困面最大的地级市，是脱贫攻坚的主战场，也是重点和难点地区。贫困问题与环境问题往往交织共生，因此昭通坚持生态优先、绿色发展，统筹考虑脱贫攻坚、产业发展与生态建设的关系，念好“山字经”，做活“水文章”，大力发展以苹果、

苹果熟了（柴峻峰/摄）

竹子、花椒、核桃等为代表的特色经济林产业，实现了发展与保护的有机融合、相互促进。

昭通苹果被誉为云贵高原的乌蒙圣果，具有“早、甜、香、脆、艳”的独特品质。昭通苹果是云南引种最早、分布最集中的西洋树种，已有近80年的种植历史，自古就有“北有烟台，南有昭通”的说法。1938年春，浙江大学农科专业毕业的陇体芳先生引进10多株苹果苗，种植于彝良县拖姑梅。1940年，留美博士吴敬漪从四川成都又引进其他苹果品种栽于昭通洒渔，通过不断驯化，从最初的158株发展到现在的近80万亩。目前，昭通已成为中国南方冷凉高地优质苹果生产基地，昭通的苹果种植面积达60多万亩，建成了全国单体面积最大、国内技术领先的4万亩矮砧密植现代果园示范基地，正在高质量、大规模地以每年10万亩左右的速度推进。未来，昭鲁坝子将形成一个百万人口城市和百万亩优质高效苹果园高度融合的“园在城中、城在园中，半城苹果满城香”的“苹果之城”。

近年来，昭通把苹果产业与中心城市“一城三区、若干小镇、产城融合、城乡一体”的建设规划相融合，把苹果产业作为打赢脱贫攻坚战、推进乡村振兴、打造世界一流“绿色食品牌”的主导产业扎实推进。昭阳区坚持良种良法、高度组织化和集约化模式，大力推行“党支部＋合作社”三个全覆盖。昭阳区具有高海拔、低纬度、强日照、大温差的特点，其苹果具有“早、甜、香、脆”的独特品质。作为昭阳区的优势产业，苹果产品除销往云贵川渝及两广外，还远销到上海、浙江、江苏、福建及东盟国家。2020年，昭通苹果种植规模达65.1万亩，产业涉及15个乡镇、办事处，种植农户11.7万余户，受益人口35万余人，户均苹果年收入达3.5万元以上，人均苹果年收入达1.2万元以上，其中覆盖建档立卡贫困户1.8万

昭通海升万亩苹果基地（柴峻峰/摄）

余户 7.2 万余人。

3. 跨省联动齐推进

为了确保金沙江流域环境治理的成效，云南也积极探索和下游省份合作，共同做好生态环境保护工作。2005 年，云南、四川两省召开环境保护协调委员会第一次会议，协商制定了两省在泸沽湖流域、金沙江下游开展环境保护和执法的联防联控工作。此后每年两省都制定联合监察方案，省、市、县三级环境监察部门同时行动，对重大工程建设项目开展联合执法检查，在现场监管、违法查处、应急管理等方面协商，统一执法标准，形成监管合力。2020 年，云南与四川两省对金沙江流域水电开发项目及生态环境保护开展联合环境检查工作已长达 15 年。在水富市，卫星定位、无人机、地面监测构建的“三张网”，实现了金沙江、横江“两江”流域的智慧监管，整合 8 个职能部门组建的“两江”综合执法大队与四川省宜宾市叙州区开展联合执法，有效破解了过去“两江”流域“九龙治水水不治”的困局。

云贵川三省建立了赤水河流域“合作共治、区域协作”工作机制，每年召开一次轮值会议，共同研究探讨赤水河流域环境保护工作，落实长江流域“共抓大保护、不搞大开发”战略，共推“生态建设、环境保护、产业发展、区域合作”任务，保障赤水河流域健康、绿色发展。通过建立联防联控和环境信息共享机制，强化联合查处和打击，实行流域上下游环评会商及环境污染应急联动，促进三省间赤水河流域保护沟通协调，形成赤水河流域上下游同决策、同部署、同行动。

镇雄县的赤水源镇因是赤水河的发源地所在辖区而得名，当地农民过去靠种植土豆、玉米等传统农作物为生，不仅经济效益低，而且农业生产中的农药化肥还会对河流产生污染。2016 年以来，当地群众响应退耕还林号召，放弃传统耕种习惯，在赤水河流域周边种植了 2.5 万亩方竹。威信县水田镇群众在当地政府的牵头下通过“平安众筹、自愿服务、无偿公益”等方式组建“昭通义警”摩托车队，在境内赤水河流域开展巡逻，打击一切不利于赤水河流域保护治理的行为，同时推进以“红色文化”为主导的革命老区特色旅游宣传。

生态补偿是促进流域生态保护和绿色发展的重要手段。近年来，云南加大财政资金投入，健全生态补偿机制，为绿色发展注入源源不断的金融“活水”。截至 2020 年底，全省统筹安排中央和省级资金共计 16.63 亿元，支持长江流域云南省内涉及的 7 个州（市）49 个县（市、区）全部签订生态补偿协议。

### 云贵川互动——赤水河生态补偿

发源于云南镇雄县的赤水河是长江的一级支流，它在川滇黔三省交界的大山间流淌，最终在贵州省赤水市复兴镇流出茫茫群山，进入富庶的四川盆地。全长 436.5 千米的赤水河，是长江流域唯一未建坝的一级支流，流域内有珍稀特有鱼类国家级自然保护区，是长江上游珍稀、特有鱼类的主要栖息地或产卵场，是长江上游区域重要的生态屏障。赤水河中游的仁怀、古蔺、习水产好酒，赤水河下游的赤水产好醋，而位于赤水河末端的合江出产好酱油，“赤水河，万古流。上酿酒，下酿（酱）油。船工苦，船工愁，好在不缺酒和（酱）油”的顺口溜正是历史上赤水流域的真实写照。赤水河流域分布着数千家酒厂，酝酿了茅台、习酒、郎酒等佳酿，创造了上千亿元的产值。云南境内的赤水河段长达 73 千米，是流域的上游段，云南为赤水河的生态安全和中下游数千酒厂的水源供给作出了贡献。

赤水河作为云贵川三省的界河，流域管辖范围纵横交错，长期以来存

镇雄赤水河源（张　彤/摄）

赤水河源头飞瀑（张　彤/摄）

在上下游、左右岸产业布局、环境准入、污染物排放监管、环境执法尺度、环保资金投入力度的不一致，对赤水河生态环境保护和地区经济社会发展造成不利影响。云贵川三省均把赤水河流域作为生态环境保护的重中之重，坚持高位推动，完善政策规划。2018年2月，云贵川三省达成共识，明确以构建长江上游重要生态屏障为共同目标，建立全国首个跨多省流域的横向生态保护补偿机制试点，加快赤水河全流域生态环境质量持续改善。

2018年2月，云贵川三省人民政府达成共识，共同签署《赤水河流域横向生态补偿协议》，三省按照1∶5∶4比例共同出资2亿元设立赤水河流域横向生态保护补偿资金，根据赤水河干流及主要支流水质情况界定三省责任，按3∶4∶3的比例清算资金。2018年12月，三省生态环境、财政部门共同印发实施《赤水河流域横向生态补偿实施方案》。云南省印发《建立赤水河流域云南省内生态保护补偿机制实施方案》，加快推动赤水河流域生态保护补偿工作落地，昭通市负责云南省内赤水河生态保护补偿工作的具体实施，印发实施《赤水河流域（云南段）生态环境保护与治理规划（2018—2030年）》。

为从源头上杜绝赤水河流域被污染，按照《川滇黔三省交界区域环境联合执法协议》约定，三省共同做好区域联合保护和污染防治工作。昭通市委、市政府也印发了《赤水河流域（昭通段）生态治理修复保护实施方案》和《建立赤水河流域云南省内生态补偿机制实施方案》，着力发展生态产业，大力实施易地扶贫搬迁，加强畜禽养殖污染防治，多举措保护赤水河，并启动了镇雄县垃圾焚烧发电项目、威信县第二垃圾填埋场项目建设。

### （二）孕育爨文化的风韵

珠江发源于云贵高原乌蒙山系的曲靖马雄山东麓，流经中国中西部六省区及越南北部，在下游从八个入海口注入南海，是中国流量第二大、第三长的河流。珠江流域内人口众多，生活着汉族、壮族、苗族、布依族、毛南族等民族。珠江流域以广州为中心，包括深圳、珠海、佛山、江门及周围几十个中小城镇在内的珠江三角洲城市群，是全国城镇化水平最高的地区。

1985 年，经国家水电部门勘定，位于云南省曲靖市沾益县（2016 年撤县设区）的马雄山东麓为珠江正源，并立碑记述“珠流南国，得天独厚。沃水千里，源出马雄”。马雄山森林茂密、杜鹃遍野。站在马雄山顶峰眺望，蓝天之下，群山起伏，如万马奔腾，又似大海中的无数岛屿，竞相逐浪。马雄山主峰就是一个分水岭，北面是北盘江的发源地，南面是南盘江的源头，西面是长江的支流牛栏江。独特的地理位置，造就了“一水滴三江，一脉隔双盘”的奇观。正是这“源出马雄”的涓涓细流，带着曲靖各族人民的深情，穿越崇山峻岭，流经滇、黔、桂、粤四省区，最后汇入南海。曲靖也因此而被誉为珠江源头第一市。

珠江源是大自然赐予曲靖的一个最响亮的天然知名品牌。世代生活在珠江源头流域的人们，以开放的胸怀、辛勤的汗水与聪敏的头脑，创造了富源大河莫斯特文化、八塔台文化、三国文化、爨文化、 滇东三十七部文化、土司文化、屯垦文化、红色文化、古道文化、关隘文化、锁钥文化、彝族文化、苗族文化、壮族文化、布依族文化、瑶族文化、水族文化、回族文化、稻作文化、铜商文化、陶瓷文化、火腿文化、马帮文化、戏曲文化等丰富多彩的历史、民族、民俗、民间文化，共同构筑成丰富厚重的曲靖文化，托起了珠江源文化的灿烂星空，成为珠江流域人民共同的精神家园。

### 1. 流淌出的辉煌爨文化

爨文化是继古滇文化之后崛起于珠江正源南盘江流域的历史文化，以今天的曲靖为中心，括昆明、玉溪、楚雄、红河等地，范围包括当时的建宁、兴古、朱提、云南、牂牁、越嶲、永昌七郡在内的整个南中地区 [ 大致为蜀汉建兴三年（225 年）至唐天宝七载（748 年）]。爨文化孕育成长的南盘江流域曾是古人类生活的地方。盘江流域的远古人类在滇东高原创造了光辉灿烂的古代文明，这一区域文化的中心为今曲靖、陆良两大坝区。其中，曲靖自古为“入滇门户”，素有“全滇锁钥”之称。特殊的地理位置，使其较早地接受巴蜀、夜郎和中原文化的影响。①

一般认为，爨氏与南中其他大姓一样，本为中原移民。他们分别在庄蹻入滇、秦开五尺道、汉武开滇、武侯定南中等不同时期，以戍军、屯垦、商贾、流民等方式进入南中，并通过变服从俗和与当地土著民族通婚等方式而在一定程度上“夷化”。诸葛亮平定南中后，为长期稳定蜀国后方，扶植爨氏上位，使得爨氏最终成为南中最有势力的豪族，并通过不断争斗，成为南中的实际统治者。爨氏称雄南中以后，内陆息战，经济文化快速发展，形成了东爨和西爨两区。东爨地区大体相当于过去的朱提郡地（今云南昭通、曲靖及贵州西北部），而西爨地区则主要为建宁郡和兴古郡地（今滇池地区至洱海以东）。在爨地，滇、夜郎等部族和从事游牧的叟人、昆明人等部族杂居在一起，融合同化为爨人。

从公元 339 年独揽南中地方政权始，到公元 748 年止，作为云南地方家族势力的爨氏政权雄霸南中长达 409 年，这种情况不仅在云南历史上绝无仅有，而且在整个中国历史上也是少有的。滇东高原上盘江便利

①任维东：《今天，我们应该如何认识“爨文化”——访华中师大特聘教授范建华先生》，载《中华读书报》，2019年7月17日。

的水利和乌蒙丰盛的牧草孕育出的爨文化，是农畜并存的独特地域文化，是中华文明的瑰宝和民族文化的奇葩，具有博大精深的内涵和历久弥新的无穷魅力。

云南省有两件爨氏统治时期的国家重点文物，即“爨宝子碑”和“爨龙颜碑”(俗称“两爨碑”)。存于曲靖一中的“晋故振威将军建宁太守爨府君之墓”碑（简称“小爨碑”或“爨宝子碑”）立于东晋义熙元年（405年），为研究我国古代边疆少数民族历史及六朝书法提供了极为珍贵的实物资料，在我国书法史上占有极其重要的地位，被誉为“南碑瑰宝”。保存在陆良县薛官堡斗阁寺大殿内的“宋故龙骧将军护镇蛮校尉宁州刺史邛都县侯爨使君之碑”（简称“大爨碑”或“爨龙颜碑”），

珠江源头（云南日报社 / 供图）

体现了我国书法艺术由隶变楷的演变递嬗之迹，康有为称誉其为“海内第一”，不仅在书法艺术史上有很高地位，同时也是研究南北朝时期云南地方史和滇东北地区古代少数民族历史，少数民族和汉族的融合、文化艺术交流的珍贵实物史料，是西南少数民族历史文化艺术史上的瑰宝。

### 2. 珠江源头的绿色明珠

“珠流南国，得天独厚；沃水千里，源出马雄。”曲靖市是珠江的源头和爨文化的发祥地，是珠江源头第一市，已成功创建为国家森林城市、国家卫生城市、国家园林城市，成为珠江源头的一颗绿色明珠。

曲靖生态区位十分重要。全市以维护珠江源生态安全、创建国家森林城市为抓手，大力推进国土绿化进程。2017 年 9 月，《曲靖市国家森林城市建设总体规划（2017—2026）》经国家林业和草原局专家评审通过并由曲

罗平牧场牛羊满山坡（刘景威 / 摄）

靖市政府批准实施，曲靖市创建国家森林城市工作正式启动。曲靖市创建国家森林城市 3 年成效显著。全市森林覆盖率由创建初期的 43.33% 增加到 44.27%；城区绿化覆盖面积达 9163.36 公顷，较创建初期增加了 1456.49 公顷；平均绿化覆盖率由 36.6% 提高到 40.47%；城区街道树冠覆盖率由 27.36% 增加到 36.84%；人均公园绿地面积由 8.76 平方米增加到 12.99 平方米，净增 4.23 平方米。实现了森林面积、森林蓄积、森林覆盖率为主要指标的森林资源总量的整体提升。曲靖市以创建国家森林城市为契机，先后出台了《关于建设森林曲靖的决定》《关于开展三年城乡绿化攻坚行动的意见》和《曲靖市 2014—2016 城乡绿化攻坚实施方案》等文件，多措并举、扎实推进“森林曲靖”建设，举全市之力打造绿色宜居曲靖。一幅“素晖射流濑，翠色绵森林”的美丽画卷正在美

玫瑰红笑颜展（陈　飞 / 摄）

丽的珠江源徐徐开启。

曲靖在珠江流域治理中实施了以河（湖）长制为抓手的推动流域生态治理和保护的重要举措，主要领导担任曲靖市级总河（湖）长、德泽水库（牛栏江－滇池补水工程水源地）市级河长，坚持每月专题调研或督查暗访生态环境保护工作，每月对河（湖）长制工作情况进行现场考察，层层压实生态环保政治责任。

此外，曲靖建成以自然保护区为核心，包括森林公园、湿地公园、地质公园、生态公益林等不同类型的生物多样性保护网络，努力在珠江源地区构建生态保护大格局。截至 2019 年，全市自然保护区总数达 23 个，总面积达 30.34 万公顷。

## 曲靖市生态建设和环境保护十大工程

“十三五”期间，曲靖市围绕打造珠江源生态带、南盘江生态走廊目标，实施生态建设和环境保护十大工程，划定生态保护红线，严格实施自然保护区管理，推进生物多样性保护与合理利用，发展生态产业，保障生态安全，加强环境保护，让天更蓝、水更清、山更绿。

十大工程涉及城市、乡村、土壤、河道等山水林天湖草沙的专项和综合治理，具体为：珠江源－南盘江生态保护综合利用工程、中心城区城市环境综合整治工程、乡村清洁工程、重金属污染治理工程、城乡绿化工程、大气清洁工程、土壤山体治理工程、生态产业发展工程、产业园区环境提升工程、生态文化建设工程。十大工程的实施，进一步夯实了曲靖生态保护的基础，城乡面貌焕然一新。经过几年的努力，曲靖市森林覆盖率由 2016 年的 43.33% 增加到 2020 年的 50%。

曲靖市通过打造“生态＋产业＋文化”品牌，实现生态林业与民生林业大发展、大提升。海岱镇是珠江流域的一个典型农业大镇，人均不足 4 分地。人多地少的现状，长期以来一直制约着全镇人民与全国同步全面建成小康社会。借力创建国家森林城市，当地把乡村绿化美化与人居环境整治、生态产业扶贫相结合，走出了一条“产业跟着组织走、群众跟着合作社走、合作社跟着龙头企业走、龙头企业跟着市场走”的成功发展之路。2018 年 10 月，海岱镇又引进挂钩帮扶企业成立“海岱昆钢金福食品有限公司”，积极发展刺梨产业，如今已经成为海岱群众推进乡村振兴的招牌产业。

曲靖市会泽县发展万亩蔬菜种植（刘光信 / 摄）

## 二　一衣带水

云南是我国跨境河流最多的省区之一，境内的六大水系中有四条为国际性河流，分别是独龙江－伊洛瓦底江、怒江－萨尔温江、澜沧江－湄公河、红河，流域面积占全省总面积的50%以上。跨境河流连接了云南与周边国家和地区，这片区域的发展与生态环境保护，直接影响着上下游大范围地区的可持续发展，也影响着中国与周边国家的睦邻友好关系。习近平同志指出，“建设绿色家园是人类的共同梦想”。云南在建设面向南亚东南亚辐射中心过程中，不仅加强了与南亚东南亚国家的经济、社会、文化交流，还结成了更为广泛的命运共同体。保护生态环境是全球面临的共同挑战，云南与周边国家和国际社会携手同行，共谋全球生态文明建设之路，共建地球生命共同体。

### （一）东方的多瑙河

澜沧江，发源于青藏高原唐古拉山，在中国境内流域段长2100余千米，自云南西双版纳州勐腊县出境，更名为湄公河，流经缅甸、老挝、泰国、柬埔寨、越南等国家，此段长2700余千米，总长4800余千米。从国际河流的角度看，澜沧江－湄公河是东南亚大河中的翘楚，除了欧洲的多瑙河和非洲的尼罗河，再也找不出比它更长的国际河流了，因此被人们称作“东方多瑙河”。[①]

澜沧江－湄公河绵延万里，自巍峨的唐古拉山起源，沿青藏高原奔腾而下，一路积溪聚流，穿越云贵高原的崇山峻岭，奔腾在辽阔的中南

①黄光成：《澜沧江怒江传》，河北大学出版社2009年版，第4页。

东方多瑙河——澜沧江（董继荣 / 摄）

半岛，哺育了流域亿万民众。同饮一江水，命运紧相连。这条大河把中国和湄公河五国紧密联系在一起，澜湄合作应运而生，开启了六国求合作谋发展的新篇章。[①]澜湄机制下环境领域合作的先行先试，是中国与湄公河国家对“清洁美丽世界”的有效示范，也是对全球环境共同体乃至人类命运共同体建设的有益探索。

### 1. 澜湄生态命运共同体建设

全球生态环境危机是人类命运共同体面临的首要挑战，必须各国共同治理。任何一个国家、地区或者组织都无法单独引领如此大型的全球生态环境治理行动。生态环境危机，必须且只能以人类命运共同体为组织载体来解决。

从博鳌亚洲论坛到联合国系列会议，人类命运共同体的新理念得到全面系统的阐述。生态命运共同体作为其中的一个重要组成，其内涵也逐步明确，就是共同构筑尊崇自然、绿色发展的生态体系。

2015 年 11 月 30 日，习近平出席气候变化巴黎大会开幕式并发表题为《携手构建合作共赢、公平合理的气候变化治理机制》的重要讲话。习近平同志指出，巴黎大会正是为了加强公约之实施，督促大会“达成一个全面、均衡、有力度、有约束力的气候变化协议”，他还希望《巴黎协定》“在制度安排上促进各国同舟共济、共同努力”。中国正在推动达成有力度、有法律约束力的国际协议，为全球气候治理提出以制度构建为核心的中国方案。

2017 年，在联合国日内瓦总部的演讲中，习近平向全球表述了中国坚持绿色发展道路的决心，以及将绿色发展融入全球生态环境治理的

①王毅：《建设澜湄国家命运共同体，开创区域合作美好未来——纪念澜沧江-湄公河合作启动两周年暨首个澜湄周》，载《人民日报》，2018年3月23日。

理念。他指出，“绿水青山就是金山银山。我们应该遵循天人合一、道法自然的理念，寻求永续发展之路”。

在党的十九大报告中，习近平同志指出，“人与自然是生命共同体，人类必须尊重自然、顺应自然、保护自然”，“加快建立绿色生产和消费的法律制度和政策导向，建立健全绿色低碳循环发展的经济体系。构建市场导向的绿色技术创新体系，发展绿色金融，壮大节能环保产业、清洁生产产业、清洁能源产业”。在将绿色发展理念落实到具体的生态文明体制改革、为民众创造良好生产生活环境方面，中国向世界作出了如何建设美丽国家的大国示范，也将继续为全球生态安全作出贡献。

只有世界各国都积极变革、走向绿色发展道路，人类命运共同体的可持续发展才能成为可能。习近平的全球生态环境治理观，将加强生态环境治理作为人类命运共同体可持续发展的目标，提出了制度建设在其间的核心作用，融入了绿色发展理念，为澜湄生态环境治理指明了路径与方向。[①]

环境的整体性决定了需要内外联动、深化澜湄国际生态合作。在地缘上，中国西部地区与湄公河流域相连，中国西部地区生态文明建设与湄公河流域的生态环境保护状况息息相关。环境的整体性决定了湄公河地区环境保护与治理要摆脱各自为政的局面，强调环境合作及跨流域的一体化保护。因而国际合作对于一个区域整体的保护及跨境的保护就显得尤为重要，需要中国与湄公河流域各个国家达成共识，通力合作。[②]

①蓝虹：《生态环境与人类命运共同体》，载《环球杂志》，2017年10月24日。
②张树兴：《中国西部地区生态文明建设与澜湄合作机制的完善》，载《区域环境资源综合整治和合作治理法律问题研究——2017 年全国环境资源法学研讨会论文集》，2017年8月，第252页。

澜湄国家同属发展中国家，面临着相似的经济发展与环境保护的问题，六国都渴望通过加快环保产业技术和结构升级，实现经济发展与环境保护的平衡。21 世纪初期，依托中国—东盟战略伙伴关系合作框架，中国与湄公河国家就开启了在生态环境领域方面的合作。为促进流域可持续发展，共建人类命运共同体，2016 年 3 月，在澜沧江 – 湄公河首次领导人会议上，中国表示愿与湄公河国家共同设立澜湄环境合作中心，加强技术合作、人才和信息交流，促进绿色、协调、可持续发展。[①]2017 年 11 月 15 日，澜沧江 – 湄公河环境合作圆桌对话系列会议在北京举办。澜沧江 – 湄公河环境合作中心还与环保部国际司及云南省环保厅签署了三方合作意向书，并与相关国际机构签署了战略合作框架协议，搭建了澜沧江 – 湄公河环境合作伙伴关系网络。2018 年，《澜湄合作五年行动计划（2018—2022）》中特别提出在澜湄环境合作方面，推进澜湄环保合作中心建设。[②]2019 年 3 月，澜湄环境合作中心发布了经澜湄六国通过的《澜湄环境合作战略》，完成了澜湄机制下六国在生态环境合作方面的顶层设计，旨在务实推进澜沧江 – 湄公河沿线国家在环境政策主流化、环境管理能力建设、生态系统管理与生物多样性保护、气候变化适应与减缓、城市环境治理、农村环境治理、环境友好型技术交流与环保产业、环境数据与信息管理等具体优先领域开展合作，推动落实联合国 2030 年可持续发展议程。[③]

---

①《绿色澜湄计划》，澜湄环境合作中心微信公众号，2021年4月2日。

②《澜沧江–湄公河合作五年行动计划》，载《人民日报》，2018年1月11日。

③《澜沧江–湄公河合作战略》，澜湄环境合作中心网站，2019年3月27日。

## 绿色澜湄计划

“绿色澜湄计划”就是澜湄六国国家层面的环境合作。这个计划是在《澜湄环境合作战略》基础上，由澜湄六国共同确定和实施的。计划合作主要涉及四个方面：澜湄环境合作行动计划、澜湄环境政策主流化、澜湄环境能力建设与澜湄环境合作伙伴关系。[①]在环境治理、生物多样性保护等方面开展务实合作，实现绿色循环低碳发展。合作方式主要包括政策对话、能力建设、示范项目和联合研究。

澜湄环境合作中心成立后，每年都举办多次培训班和研讨会。培训主题涉及生态系统管理能力、环境影响评价、工业废弃排放标准与管理、水质检测能力、水环境管理与实践、环保产业合作、淡水生态系统管理、生态工业园与环境修复技术、工业环境治理与水环境监测能力等。自2017年11月举办了首届澜湄环境合作圆桌会议以来，几乎每6个月都会举办一次圆桌会议。最近一届圆桌会议于2020年8月举办。研讨主题始终围绕环境治理与可持续发展展开，每次都有不同侧重。连续多次的圆桌会议的举办，让澜湄六国在环境合作领域的对话中从合作伙伴关系网络的建设到具体绿色金融项目的落地，不断走深走实。

“绿色澜湄计划”累计开展环境政策交流圆桌对话及能力建设研讨会超过20场，总参与人数超2000人次。参会人员覆盖澜湄国家环境、外交、工业、交通、市政等多部门官员和研究人员，国际和区域政府间组织，以及企业、金融机构等，形成务实的多方对话交流平台。[②]通过实施“绿色澜湄计划”，推动区域示范项目，老挝南塔省省立中学污水处理示范工程得以落成，生活垃圾清运处置工程帮助南恩村及周边500余名村民解决了

①②《澜沧江-湄公河环境合作——“绿色澜湄计划”》，澜湄环境合作中心微信公众号，2021年4月2日。

航行澜沧江（张　彤/摄）

垃圾处理难的问题。

南塔省位于老挝西北部，北部与中国云南省西双版纳州接壤，西邻缅甸。南塔省省立中学位于南塔县城，现有师生2000余人，是南塔省唯一的省立中学。然而，由于该校没有完善的污水处理设备，生活污水未经处理而直接排放，不仅对师生身体健康造成了威胁，还导致了周边汇入湄公河的河流水体污染。

在澜湄合作基金支持下，澜沧江－湄公河环境合作中心联合澜沧江－湄公河环境合作云南中心等有关单位，于2018年为老挝南塔省省立中学捐赠并安装了一套日处理50吨的一体化污水处理装置，建成后学校生活污水处理率达到100%，处理后废水可循环利用，无外排、二次污染等问题。[①] 2019年，老挝南塔省省立中学污水处理示范工程正式运行，全校2000多名师生的排污难问题得到彻底解决。“绿色澜湄计划”已运行示范项目惠及2500余人。

①《绿色澜湄计划推动区域示范合作——老挝南塔省省立中学污水处理示范工程落成》，澜湄环境合作中心网站，2019年4月10日。

在“绿色澜湄计划”下，澜沧江－湄公河环境合作中心联合各国研究机构和国际研究团队，共同开展包括淡水生态系统管理、水环境管理政策、可持续基础设施建设、绿色工业园发展在内的区域生态环境焦点议题的调查与研究，形成30余项研究成果，为澜沧江－湄公河环境政策主流化提供了科学支撑。①

### 2. 开展多层次合作

在中国与湄公河国家生态环保领域的合作中，云南一直发挥着独特的作用。2006年，依托国家环境保护总局，云南开始积极参与南亚东南亚和大湄公河次区域环境合作。“十二五”期间，云南省生态环境厅全面参与由亚洲开发银行倡导的大湄公河次区域经济合作框架下的环境合作，开展了南北经济走廊战略环评、环境绩效评估能力建设、生物多样性保护廊道建设示范等次区域环境合作交流项目。澜湄机制建立以来，云南的独特性进一步凸显，合作项目从边境地区到湄公河国家，覆盖了湄公河全流域，展现了云南为澜湄生态与环境保护合作作出的努力。

#### 大湄公河次区域生物多样性保护廊道

2005年，中国与亚洲开发银行（以下简称“亚行”）联合提出了“大湄公河次区域核心环境计划和生物多样性保护廊道规划”，中国、越南、缅甸、老挝、泰国、柬埔寨6个国家都参与其中，大湄公河次区域生物多样性保护廊道建设项目是该规划的核心环境旗舰项目。大湄公河次区域生物多样性保护廊道规划旨在大湄公河次区域经济廊道内开展至少6个生物

---

①《绿色澜湄计划推动区域示范合作——老挝南塔省省立中学污水处理示范工程落成》，澜湄环境合作中心网站，2019年4月10日。

多样性廊道的示范活动，助推保护生物多样性的扶贫活动，从而实现在大湄公河次区域建立生物多样性保护廊道的可持续开发和管理机制的目标，最终打造一个生态丰富而没有贫困的大湄公河。

大湄公河次区域生物多样性保护廊道建设中国项目（涉及云南和广西）由生态环境部负责实施。2006 年 12 月，亚行与生态环境总局签订了实施总协议。在总协议的框架下，2007 年 3 月，生态环境总局与云南省生态环境厅签订了大湄公河次区域生物多样性保护廊道建设云南示范项目执行协议，确定在云南省西双版纳傣族自治州和迪庆藏族自治州德钦县开展示范活动。

西双版纳州实施的生物多样性保护廊道建设示范项目的总体目标为，通过改善廊道内和核心区内的生物多样性保护的管理，恢复并维持西双版纳州内国家级自然保护区的生态完整性。一期示范项目执行期为 2007—2010 年。为了巩固和扩大项目一期的成果，2010—2011 年又开展了增资活动。

近年来橡胶、砂仁、茶叶价格迅速而持续的攀升，刺激了垦殖业的大规模开发，致使完整的热带森林生态系统被严重割裂。整个西双版纳热带森林岛屿化现象日趋明显。热带森林保护区周边的农田、橡胶林以及公路等人为屏障成为野生动植物种群之间，尤其是野牛、亚洲象等迁移性强的大型哺乳动物基因交流的严重阻碍。随着野生动物的生存环境被人为侵占或毁坏，野生动物不得不走出森林寻找其他生存空间，随之就出现了野生动物伤害人身安全、毁坏人类种植的庄稼或其他设施等事件。类似事件发生率近年来呈上升趋势。一方面是野生动物生存环境需要保护，另一方面是生存安全的保护与人居安全的保障。如何协调两者关系，一度成为澜湄地区需要解决的问题。

大湄公河次区域核心环境计划和生物多样性保护廊道计划实施以来，上述问题得到了明显的改善。就目前的保护与研究现状来看，扩大保护区范围或在子保护区之间建立生物廊道，通过走廊的形式把分割的保护区连接起来，有利于物种的持续和生物多样性的增加，也是当前对西双版纳州乃至东南亚地区珍异野生动植物保护的一个重要措施。特别是在西双版纳州，亚洲象和野牛等重要物种的生存环境改善后，其他物种的生存环境也随之得到提升。以亚洲象或野牛为目标物种建设的生态廊道，不仅可以为亚洲象或野牛服务，其他野生动物也将通过利用廊道而受益。同时，当地民众的居住安全也得到提升。

亚洲象迁徙的生态廊道（彭　刚/摄）

近年来，云南省积极推动与老挝南塔和琅勃拉邦两省自然资源与环境厅的跨境环保交流合作机制，共同推进云南省与老挝两省在跨境生物多样性保护、农村环境整治、跨界水污染防治、突发环境事件应急、环境宣传教育、环境管理能力建设等领域的交流合作。

2009 年，中老双方在老挝南塔省建立了面积为 5.4 万公顷的中老生物多样性跨境联合保护区。2011 年，双方在西双版纳勐腊县和老挝丰沙里省建立了第二片联合保护区域，保护区域面积扩展到 10.9 万公顷。2013 年 1 月 1 日起，西双版纳州与老挝丰沙里省签署的中老联合保护区域协议正式实施，标志着西双版纳州与老挝北部南塔、乌都姆赛和丰沙里三省的 3 片“中老跨边境联合保护区域”连成一片，形成一个总面积 19.37 万公顷无空隙的联合保护区域，构架起了“中老边境绿色生态安全屏障”和“中老边境生物多样性走廊带”建设的新格局。[①]

### 中国云南省—老挝南塔省环境保护交流合作技术援助项目

2015 年 9 月和 10 月云南邀请老挝南塔和琅勃拉邦两省自然资源与环境厅代表团访问云南，签署合作备忘录。在合作备忘录框架内，2017 年 1 月，云南省派出技术小组前往老挝南塔省，就交流合作技术、援助垃圾热解处理示范工程进行场地踏勘，对相关问题进行交流、确认并达成共识。根据技术援助跨境生物多样性保护项目计划安排，云南省环境科学研究院野外考察组与老挝南塔省自然资源与环境厅、南木哈国家级自然保护区密切合作，召开野外考察预备会，并启动南木哈自然保护区生物多样性摸底调查工作。[②]

2017 年 2 月，“中国云南省—老挝南塔省环境保护交流合作技术援助

①《云南与老挝建立跨边境生态保护区》，云南网，2013年1月7日。
②胡晓蓉：《云南与老挝加强环保交流合作》，载《云南日报》，2017年2月13日。

项目”启动会暨交流合作年会在老挝南塔省召开。这标志着云南省在加强与老挝等周边国家的环保交流合作方面迈出了新步伐。2017 年 4 月，为落实援助项目在老挝的推广运用，加强云南省与南塔省在环境保护方面的合作与技术交流，由云南省生态环境厅主办的环境教育交流与研讨班在昆明开班。此次环境教育交流与研讨班采取专家授课、实地参观、座谈交流等方式开展。教学内容包括环境教育与可持续发展教育的内容和方法、云南省绿色学校管理与实践、学校环境教育教学交流等。在此期间，组织老挝代表团到滇池实验学校等 3 所绿色学校参观，到滇池湿地公园等绿色教育基地考察，课余安排老挝代表团切实感受中国的文化传统和风土人情。老挝代表团了解了中国实施环境教育的策略、绿色学校创建和管理方法、学科教学中的环境教育与可持续发展教育的内容，以及云南绿色学校开展环境教育的经验与做法等。[①]

中老跨境联合保护区（孔志坚 / 摄）

①胡晓蓉：《云南与老挝南塔省环境教育交流与研讨班开班》，载《云南日报》，2017年4月14日。

云南积极推进省内各机构与缅甸的生态合作。2015 年，原云南省环境保护厅（现云南省生态环境厅）与缅甸林业与环境保护部决定共同推进云南省瑞丽市与缅甸木姐市的环境保护合作，建立合作机制。合作领域包括环境宣传教育、人员交流培训、跨境生物多样性保护、农村环境整治、跨界大气和水污染防治、突发环境事件应急等。同年 7 月 2 日，中缅瑞丽—木姐环境交流合作会谈在瑞丽举行。双方提出，在瑞丽和木姐建立友好城市关系协议的框架下，签订环境保护合作备忘录，建立双边环境交流合作长效机制。在合作机制推动下，瑞丽与木姐的合作成果丰硕。

姐告小河为中缅界河，属国际河流，水质划定为 III 类。该河源于缅甸木姐市，入境中国姐告后汇入瑞丽江，最终流出中国国界汇入伊洛瓦底江。由于姐告小河上游（南涩河）水质监测类别为劣 V 类，生态环境显著恶化，严重影响中缅两国人民生活环境。姐告小河的污染现状更加凸显深入开展瑞丽—木姐环境交流合作的必要性与紧迫性。瑞丽市政府经多次研究论证，于 2018 年向云南省生态环境厅申报了姐告小河水污染治理项目并争取到中央水污染专项资金 1500 万元。2019 年 3 月，项目建设开始组织实施。该项目采用微生物原位生态修复技术，配套治污与治水相结合的生态新技术、新设备，全面修复水生态和河道调蓄功能，打造水清河秀、岸绿景美、休闲宜居的国门景观。该项目目前已完成部分闸坝、垃圾格栅间主体工程建设和微生物培养站箱体组装，污染整治成效逐步显现。通过开展跨境污染防治，有效改善穿越中缅两国的姐告小河水质，最终保障瑞丽江水质达标流入缅甸，切实提升两国人居环境，保护好共同生活的家园。[①]

在瑞丽生态环境部门的积极协调下，2019年6月，中缅联合开展世界环境日系列活动。双方召开座谈会，深入交流瑞丽、木姐开展环境保护工作的情况以及面临的问题，并围绕水污染、垃圾处理、大气污染等相互关切的问题进行了充分的交流探讨，就共同推进瑞丽与木姐建立起高效的生态环境保护交流合作机制、实现双边绿色发展深化了共识。其间，中缅学生代表团进行了以环保为主题的演讲交流和知识问答活动，两国学生以真挚的情感共同表达了“爱护地球、爱护人类共同家园”的心声。

中缅银井—芒秀片区有中缅边民约2000人，居民生活污水污染、垃圾污染问题相互影响，长期以来得不到妥善解决。德宏州和瑞丽市生态环境部门积极向上争取项目资金，实施了瑞丽国家重点开发开放试验区中缅银井－芒秀农村环境综合整治示范项目。该项目总投资203万元，项目建成2吨/天生活垃圾热解站、生活垃圾收集系统和集中式污水处理系统，完成一寨两国国界沟和喊沙大沟污染治理工程，赠送缅甸芒秀村用于垃圾收集清运的电瓶三轮车、垃圾桶等物资。项目的落成，解决了长期困扰两国边民的环境问题，边境人民生活水平与生活质量得到提高，为边疆民族团结和谐示范区的建设提供了经验，为建设美丽和谐的中缅边境新环境提供了示范。[②]

①②德宏州生态环境局：《将绿色融入“一带一路”建设中瑞丽深入开展中缅生态环境保护交流合作》，2019年10月22日。

## 云南推进滇缅生态农业科技合作

依托大湄公河次区域农业科技交流合作组等国际合作平台，云南省农科院与缅甸农业研究司在大豆、植物保护、陆稻、马铃薯、甘蔗、农业经济等领域开展深度合作，成绩显著。

双方联合开展非转基因秋大豆品种和生产关键技术的试验示范，合作筛选出高产、抗病、优质、适应秋播的大豆新品系3个。其中，以云南省农科院为主选育的“滇仓2号”在缅甸秋播的平均产量达2200千克/公顷，比当地秋大豆平均单产增产527.5千克，增幅达31.5%，超过中国大豆的平均单产水平，该品种有望在近期获得缅甸国家新品种审定并进行大面积生产应用。

双方联合开展农业重大有害生物的共同应对、资源共享和联合防控行动。通过对缅甸草地贪夜蛾发生区开展实地联合调查，获得了重要虫源区的第一手资料，发表合作论文并共同签署了草地贪夜蛾合作防控备忘录。2020年9月，双方签署协议共同建立“中国—南亚东南亚植物保护创新联合实验室”。

与此同时，云南省农科院选育的两个陆稻新品系“陆引46”及“YL08-H3U-568”于2018年在缅甸完成了田间多点试验及农户生产试验，2019年进入缅甸国家审定程序并开展繁殖推广工作。2020年，“陆引46”获缅甸农业畜牧业与灌溉部审定；缅甸从云南引进的“丽薯6号”和“青薯9号”马铃薯品种单产均超过45吨/公顷，种植面积不断扩大。中国生产的种薯因地缘优势和价格优势深受缅甸种植者喜爱。通过合作，缅甸引进了马铃薯试管苗组培、试管苗温室雾培等技术，适应缅甸国内需求的种薯繁育体系逐步形成。2018年，云南省农科院选育的“云蔗89-7”通过了缅甸甘蔗新品种审定；2019年，云南省农科院与缅甸、越南及斯里兰卡合作申报的云南省科技入滇项目“面向南亚东南亚甘蔗品种改良联合研发机构建设”获准实施。

此外，在人才交流与培养方面，2015—2019年共有11位缅甸籍发展中国家杰出青年科学家到云南省农科院开展为期1年的合作交流，占来访发展中国家杰出青年科学家总人数的1/4。[①]

### 3. 南下的滔滔江水哺育各族儿女

与内地河流的“大江东去”不同，流经云南境内的澜沧江是“大江南去”。南下的滔滔江水，哺育了沿江两岸的各族人民，创生了令人陶醉的文化景观。

从迪庆州德钦县升平镇顺江而下约90千米，在澜沧江西岸有一个依山傍水名为茨中的村寨。村里耸立着一座始建于1909年的中西合璧风格的天主教堂。建筑周围的园地里种植着源自法国的玫瑰蜜葡萄，村里人都能用它酿造出口味醇正的法式玫瑰蜜葡萄酒。来自世界各地的人们总会飞越重洋、翻山越岭来到这个小山村品尝这酒的醇厚，搜寻历史长河里记忆的温度。而今，这个居住着藏族、纳西族、汉族、傈僳族等多个民族的小村庄，藏语和汉语成为村民日常交流的通用语，不同民族、不同信仰的人们相互尊重彼此的信仰，宽容相待，和睦相处，互相帮助，相互通婚，一个家庭里多种宗教信仰的家庭成员和谐地生活在一起的现象早已屡见不鲜。

沿着澜沧江继续南下，在沧源县境内的糯良山、班考大山与拱弄山

---

①《云南与缅甸农业科技合作成果丰硕》，云南网，2020年12月2日。

幸福的阿佤人（刘镜净 / 摄）

等地的山崖石壁上，是尘封了3000余年的崖画博物馆。佤族先民使用铁矿粉和黏性动物血混合成的颜料记录了远古时期的狩猎、祭祀、战争等场面，为研究远古社会、民族、艺术发展等历史提供了丰富珍贵而形象的资料。除了沧源壁画，与当地佤族的日常生活紧密相连的还有茶叶，从而形成了独特的茶礼茶俗。当地佤族老人说，在阿佤山只要是曾经有过固定村落的地方，就会有古茶树。村民说："佤族司岗里的故事就在火塘边的小茶罐里，茶罐里的茶汁灌入老人的嘴后，故事就从老人的嘴里源源不断地讲述出来了"。佤族对茶叶的古老称呼为"绵"。佤族人认为，茶能通神，也能通人心。茶叶是佤族祭祀、丧葬、驱邪仪式时的神圣物品，也是解决纠纷、礼尚往来的必备之物，在日常生活中的聚会、闲聊、议事等活动中，更是少不了茶。总之，在佤族日常生活中，办任何事情都离不开茶。

在澜沧江畔，与佤族杂居或相邻的拉祜族也同样对天地自然深存敬畏之情。拉祜族的创世神话认为，是葫芦孕育了人类的先祖。在许多村寨，人们用葫芦装水、酒、火药，储藏谷种，制作民族传统乐器葫芦笙。在全国唯一的拉祜族自治县澜沧县，每逢葫芦节，人们都会在葫芦雕像前吹起葫芦笙，载歌载舞，通宵达旦地欢庆节日。葫芦笙已经与拉祜族的生活息息相关：每逢年节和欢乐时刻，拉祜族人吹奏葫芦笙以表达喜悦之情；恋爱时，吹奏葫芦笙诉说心中的思念与秘密；收获的季节，他们也吹奏葫芦笙感谢上苍的恩赐；悲伤苦闷时，葫芦笙还是他们排遣胸中愁绪的良伴。

澜沧江在出境之前最后的流经之地是西双版纳。这个地方生活着众多民族，其中傣族与水的关系最为密切。他们生活在水边，善于耕种水稻，爱洗澡爱干净，每年都要举行欢快盛大的泼水节，用水来浴佛，用

快乐拉祜族（熊思云/摄）

水米互相祝福吉祥。傣族一般居住在干栏式的竹楼里，以避潮湿、虫蛇，通风凉爽。傣族人把寨子称作“曼”，坝子叫作“勐”。他们信仰南传上座部佛教，几乎家家户户都供奉有佛龛。早期的傣文佛经以铁笔刻写在贝叶上，集串而成，称为“贝叶经”。贝叶是生长在热带和亚热带雨林中的一种棕榈科木本植物的叶子。据统计，西双版纳佛寺里保留的贝叶经多达 84000 余部。寺院里每年都要举行“赕坦”（献经）活动，为逝者超度，为生者祈福。或许，当你拜访佛寺时，会偶遇僧侣们专心致志地在贝叶上刻写傣文经书的场景，如同欣赏一幅人文底蕴深厚的历史风俗画卷。

### （二）大峡谷里的传奇

人们常常把怒江与美国科罗拉多大峡谷的科罗拉多河相比，两条河流流经峡谷的险峻世人皆知。走遍云南怒江傈僳族自治州，几乎见不到一块像样的足球场，因为平地实在有限。① 怒江又名“潞江”，因江水深黑，《禹贡》曾称其为黑水。后以沿江居住怒族而得名，亦缘于其流经高山峡谷江涛怒吼之故而称为怒江。

怒江是中国西南“三江”（金沙江、澜沧江、怒江）之一。“三江并流”区域地处青藏高原与云贵高原的过渡地带，位于我国川、滇、藏三省区交界的横断山脉崇山峻岭之中。“三江并流”于 2003 年 7 月以符合世界自然遗产评定的全部四项标准被列入《世界自然遗产名录》，成为我国唯一的全部符合世界自然遗产四项标准的遗产地。

#### 1. 壮美怒江

怒江发源于青藏高原中部唐古拉山脉南坡海拔 6000 余米的巴萨通木拉山的南麓，先向西南流，名桑曲，藏语意为密水。经安多县先后注

①黄光成：《怒江澜沧江传》，河北大学出版社2004年版。

怒江峡谷（孙晓云/摄）

怒江第一湾（孙晓云 / 摄）

入措那湖与喀隆湖，出湖后名那曲，藏语意为黑河；后改向东流，至比如县西部打莱堂附近右纳罗曲、左纳下秋曲（又名卡曲）后始称怒江。进入横断山区后，多呈峡谷之势，一般谷深1000—1500米，从西藏境内的嘉玉桥往南至云南省境内的六库，绵延长达780千米，即为举世闻名的怒江大峡谷。

怒江流经贡山以下自北向南沿横断山脉与澜沧江平行。干流流经西藏那曲、昌都两地进入云南，纵贯云南省西部，经怒江、大理、保山、临沧、德宏等地，于芒市出国境进入缅甸，改称萨尔温江，成为缅甸的主要河流之一。

在大地构造位置上，怒江在西藏境内为东西向流淌，北侧还存在澜沧江缝合带和金沙江缝合带，澜沧江缝合带主要连接东、西羌塘块体，而金沙江缝合带主要分割羌塘地块与甘孜－理塘地块；怒江进入云南境内后转为南北向流淌，西部为腾冲地块、中咱－中缅地块，东部为保山地块，而澜沧江缝合带在云南境内连接着保山地块与兰坪－思茅地块。

怒江流域径流深，下游地区在500毫米以上，最多的无量山区可达800毫米。中游一般为400—600毫米，上游只有150—400毫米。上游流域面积虽占总面积的一半以上，但河川径流量不及全河的45%。河川径流的补给来源：上游以地下水补给为主，约占年径流量的60%以上；中游段雨水补给占重要地位；下游雨水补给更多，达60%左右。干流年径流量丰沛，落差大，河道平均比降为2.4‰，水力资源较丰，干流的水力蕴藏量约为3550万千瓦。此外，怒江流域矿产资源有铜、铁、铅、锡及煤、汞、水晶、硫黄、石墨、云母等。

### 2. 生物多样性保护特区

怒江州是全球景观类型、生态系统类型和生物物种最为丰富的地区

翡翠般的怒江水（曹津永/摄）

之一，坐拥“三江并流”世界自然遗产大部分资源，有怒江、澜沧江、独龙江三大国际河流及225条支流，被誉为“植物王国上的明珠”和“天然的植物基因库”。已知有种子植物4300多种、国家一、二级保护植物24种；有脊椎动物580多种、国家一、二级保护动物67种；兽类和鸟类种类占到全省的一半以上，两栖类、爬行类亦占到全省的1/5和1/3；植被类型、植被亚型和群系分别占全省的4/5、1/2和2/5。

野生动物情况。怒江州野生动物资源丰富，有哺乳类8目25科74属106种，占中国哺乳类总数的18%，云南哺乳类总数的35%。有鸟类269种（含亚种）、两栖类10种、爬行类14种、鱼类13个种和亚种，昆虫已记录1690多种。怒江州现存灵长类物种有怒江金丝猴、滇金丝猴、菲氏叶猴、戴帽叶猴、短尾猴、印支灰叶猴、熊猴、普通猕猴、藏酋猴和白眉长臂猿共10种，占中国灵长类物种26种的38.5%，占云南灵长类物种16种的62.5%。州内珍稀濒危特有陆生野生动物物种十分丰富，分布有国家一级保护动物20种、国家二级保护动物47种、省级保护动物5种，如滇金丝猴、戴帽叶猴、高黎贡白眉长臂猿、高黎贡羚牛、金钱豹、白尾稍虹雉、贡山麂、小熊猫、四川雉鸡、红胸角雉、灰腹角雉等。

野生植物情况。据不完全统计，全州已知高等植物有210科1086属4303种。其中，被国家列为重点保护的珍稀植物有60多种，省级保护植物30多种；野生药材1200多种，竹种10属50种，花卉250多种。国家一级保护植物有桫椤（俗名树蕨，被称为陆生植物活化石）、光叶珙桐、红豆杉等，国家二级保护植物有贡山三尖杉、澜沧江黄杉、十齿

黑颈长尾雉（松学宝／摄）

花、大树杜鹃、滇桐等。2019 年，发现珍稀世界濒危植物滇桐。[①]

怒江州境内自然保护区的面积达 40 多万公顷。怒江州是国家重点生态功能区中的川滇森林及生物多样性生态功能区，是国家“两屏三带”生态安全格局中的“黄土高原－川滇生态屏障”的重要组成部分，四个县（市）均属于国家重点生态功能区，全州森林覆盖率达 78.90%，生态红线保护面积占区域面积的比例为 61.81%。怒江州在全境或部分区域设立国家级怒江生物多样性保护特区，探索生物多样性保护新模式。

### 3. 住在大山里的民族

怒江流域内居住着怒族、傈僳族、独龙族、德昂族、彝族、藏族、景颇族、傣族等 10 多个少数民族。各民族创造了悠久灿烂的历史与文化，是中华民族大家庭的重要组成部分。

怒族是怒江流域的古老居民。元代典籍《大元混一方舆胜览》载：“潞江，俗称怒江，出潞蛮。”据考，潞蛮即今怒族。怒族世代散居在怒江大峡谷地带，喜欢背靠大山而聚居于山腰或山脚的开阔地带。

怒族人尊重自然、敬畏生命。认为万物都是上天赐予的恩惠，在自然环境中，花草树木、鸟兽这些生物和人一样，有思想、有灵魂、有喜怒哀乐，冒犯了它们，人会遭到报复。

万物有灵的观念奠定了怒族先民对大自然的敬畏之情。怒族先民世代生活在怒江峡谷的高山密林之中，他们认为人的一切活动都受到各种神灵鬼怪的窥视，人们的大小灾祸、生老疾病都是各种鬼灵作祟的结果，一旦发生灾祸和疾病，就请于古苏（巫师）占卜，进行祭祀活动，祈求

①怒江州生态环境局：《怒江州生态环境局关于“十三五”生物多样性保护工作总结及“十四五”工作计划的报告》，怒江州人民政府网，2021年2月7日。

棉头雪兔子（和晓燕/摄）

神灵保佑。同样的，怒族人认为是自然神灵帮助怒族人获得丰收，并庇佑了怒族人，给予他们平安和幸福，自然万物有恩于人类。对于自然神灵给予的恩惠、帮助，怒族人以献祭仪式、神歌以及舞蹈等方式表达心中对自然神灵的感激之情。

怒族人不仅对自然神灵感恩，而且还对动物充满感恩之情。怒族人爱狗胜己，把狗当成自己的亲人一样，怒族人的生产生活都离不开狗。相传是由于看家狗从天帝那里要来谷种，才使怒族人种上稻谷，吃上大米的，所以怒族人非常尊敬狗，每年秋收后第一顿食用的大米饭，总是先要喂给狗吃。如果有人打了自家的狗，这在主人看来是羞辱了自己。狗死后，要用布包好，葬于山间。有些家庭还要焚香，甚至痛哭，以示哀悼。

怒族先民在长期的生产和生活实践中，离不开祭祀和神歌。不论是耕种、狩猎，还是灾祸、疾病，怒族先民都要举行祭祀，请于古苏用神歌与神灵进行沟通交流，祈求神灵的保佑。怒族神歌是怒族于古苏在主持祭祀活动时所唱的祭词，属民间口传文学的范畴。怒族神歌产生于怒族先民对自然力认识不足而对语言的魔力又非常崇拜的特定时期，即幻想用神歌灵语去取悦鬼神，指令鬼神，以达到驱邪消灾、求吉祈福的目的。神歌作为怒族传统宗教祭祀的核心内容，在民间受到尊崇并得以保护和流传。

《猎神歌》："……巡视在高山上的猎神，行走在雪山的兽灵，我捧着三年前煮好的酒汁来敬你，我带着三年前养着的鸡下的蛋来敬你……我用美酒来向你交换羚牛，我用雪白的鸡蛋来向你交换羚牛，我不是空手来向你要。"千百年来，怒族人怀着崇拜自然、敬畏生命的心情，走进山林，用美酒、鸡蛋来向猎神交换羚牛，用神歌与自然和动物

怒族姐妹（张　彤/摄）

神灵进行精神情感的交流，表达内心的感激和谢意，维护着人类与自然的平和。

傈僳族是一个古老的民族，其族称最早见于唐代，并沿用至今。有关历史资料记载，傈僳族在战国时期属氐羌，秦汉时期为“叟”“濮”，魏晋时期为乌蛮、顺蛮，唐代因本民族内部称谓趋于统一，始称“栗粟”（唐代樊绰《蛮书》卷四），即傈僳族。

傈僳族人生活在高山峡谷地带，依山而居的环境造就了他们山地造房的本领。“千脚落地”式房屋是傈僳族建筑的重要代表，也是傈僳族竹文化的生动体现。整个房子不用一枚钉子，全用不易腐烂又坚固的木料或者竹竿、竹片等搭建，这是傈僳族人民在长期的自然环境中的选择和适应。因房屋的建筑材料大都为竹子，故又名“竹楼”。竹作为房屋建筑主要用料，充斥整个房屋主体的方方面面，甚至“不瓦而盖，盖以竹；不砖而墙，墙以竹；不板而门，门以竹。其余若椽、若楞、若窗牖、若承壁，莫非竹者”。《唐书·南平僚传》载：“土气多瘴疠，山有毒草及沙虱、蝮蛇。人并楼居，登梯而上，号为干栏。”宋代周去非《岭外代答》称：“上施茅屋，下豢牛豕。栅上编竹为栈，不施椅桌床榻。”这都是历史上关于干栏式竹楼的记载。

竹不仅是傈僳族常用的建筑材料，还是傈僳族人民穿戴的装饰品，成为傈僳族服饰文化的重要组成部分。上至男子篾笆包头，下至“麻竹其尼”竹麻草鞋，以及男子腰间佩带的长刀、竹弹弓、箭弩等，都是傈僳族穿竹、戴竹的体现。傈僳族是一个能歌善舞的民族，他们的竹制乐器主要有口弦、葫芦笙、笛子、三弦、二弦、直箫、琵琶、二胡等。

傈僳族有些习俗很特别，比如他们使用的自然历，借助花开、鸟叫等，把一年分成花开月、鸟叫月、烧山月、饥饿月、采集月、收获月、

傈僳族的微笑（张　彤 / 摄）

煮酒月、狩猎月、过年月和盖房月等 10 个季节月。

**（三）在哀牢山的传说中流淌**

红河发源于中国云南省中部，河源海拔 2650 米；全长约 1280 千米，中国境内河长 692 千米，流域面积 76276 平方千米。河谷深切，流域分水岭高程一般为 2000—3000 米，河口附近河床高程 76.4 米，全河总落差为 2574 米，平均比降 3.9 ‰，多峡谷。

红河是近代云南与越南之间民间往来的纽带，越南境内红河长 508 千米，流域面积 75700 平方千米。在中国境内有干流红河（元江）及其最大支流李仙江（把边江），两江在越南境内越池汇合，之后经北部湾入南海。无论是由越南向中国云南运输货物，还是由云南向下游运输物品，红河都是十分便捷的途径。[①]

因河流大部分流经热带红土区，水中混有红土颗粒，略呈红色，故名红河。红河可通航 337.5 千米，对云南南部地区的社会经济发展具有重要作用，从河口下行到河内航程 335 千米，由河内再到海防航程 114 千米或再到红河入海口航程 170 千米即可与海洋运输相衔接，是云南省入海最便捷的通道。

红河沿东南方向经巍山、南华、楚雄、新平、元江、红河、元阳、个旧、蒙自、金平到河口出境，流经云南 12 个县（市）。红河在中国境内的流域地区，山脉与河流的支系纵横，尤其是在红河沿岸，都是高山峡谷地区，海拔从河底的数百米一直到峡谷顶端的 2000 余米。在云南境内，红河沿岸气候呈现立体的状态，河谷的底端一般是热带亚热带气候，河谷的中端是亚热带温带气候，而到了顶端已是寒温带气候。红河数百公

①王宏斌：《晚清边防：思想、政策与制度》，中华书局2017年版。

红河第一湾（罗维奇/摄）

里的河谷地带，居住着汉族、哈尼族、彝族、傣族、拉祜族等，他们在河谷两岸繁衍生息，在漫长的岁月里创造发展了红河流域较高的农业文明，而水是流域各民族文明的基础。

红河流域各民族对流域地区的生态环境有着浓厚的感情，他们封自然环境为神，作为自己的崇拜、膜拜的对象，把千百年来形成的民族生态伦理智慧体现于日常生产生活方式、神话传说、图腾信仰中。比如，哈尼族是一个非常注重生态环境保护的民族，流传长久的哈尼传统古歌中就包含着哈尼族先民对自然万物、生存环境的认识。《哈尼阿培聪坡坡》这部迁徙史诗就是哈尼族先民们在迁徙过程中不断改变自己的居住环境和适应新的生态环境的真实写照，反映了哈尼族适应性极强的生态价值观。

哈尼族喜欢在向阳开阔的山腰居住，多选择背靠茂密森林和灌木林的山坡建寨，每个村寨不远处都有一眼井泉。村子背后的大片森林不仅可以有效地调节气候，还能涵养水分和保护水土资源，是高山梯田的灌溉的有力保障。哀牢山区充沛的降雨灌溉着农田，茂密的森林有效地涵养着水分，形成了山有多高、水有多高的自然生态景观。

哈尼族信奉多神的原始宗教，表现在对祖先、自然物的崇拜上。在他们的心目中，农作物的生长是受到各种神灵的保护和影响的，因此也产生了许多宗教祭祀活动。哈尼族和其他很多红河流域少数民族一样每年会定期祭祀寨神，寨神是掌管村中一切生灵，护佑水源、土地的神灵。哈尼族崇拜树，在寨头和寨尾分别选择两棵笔直大树作为崇拜对象，称为龙树。哈尼族有对森林和水源林的崇拜，把它们尊为“神”林，禁止对其砍伐和破坏。哈尼族还以祭水的形式来管理和利用水资源。每年都对水井进行祭祀，祈求水神保佑水源纯净和用水不竭。他们还认

田间劳作的花腰傣群众（陶贵学/摄）

服装节上的花腰彝群众（李永祥/摄）

红河奔腾（胡艳辉/摄）

为每条水沟都有神，因此劳动生活中就形成了爱护水沟、保护水沟、管理水沟的潜意识。由于对水的崇拜，村中男女老幼都能够自觉爱护水，对水井、灌溉沟渠进行养护，有效地保证了人畜用水和梯田用水。

红河流域上游地区如哈尼族、拉祜族、傣族、彝族等许多少数民族的传统信仰文化中都存在万物有灵的多神崇拜。这种朴素的森林生态观认为山有山神，地有地神，树有树神，水有水神，寨有寨神，谷有谷神，世界无处没有神灵的存在，她养育和保佑着一方生灵。因此在他们看来，神存在于日常生活的方方面面，从森林到湖泊，从野兽到昆虫，从大树到小草，一切都有可能成为神灵的载体。神灵存在的地方是不能被肆意破坏的。这种泛神论的禁忌使生态系统得到保护。

红河流域民族众多，千百年来，他们世世代代在红河流域地区繁衍生息，创造了多元的民族文化。他们对红河流域的生态环境有着浓厚的感情，具有丰富的生态保护传统意识，成为红河文明中重要的一部分。红河流域地区少数民族特有的文化观念和生存方式为处理当代人与自然的关系提供了有益的启示。

### （四）高黎贡山中的世外桃源

在云南的西北部，金沙江、澜沧江和怒江从青藏高原奔流而下，山水相间并行数百公里，形成世界上最为壮丽的景观——三江并流。实际上，在怒江的西面还有一条独龙江，只是由于流经中国的里程太短，往往被人们所忽视。若从空中看下去，这一片的地形应该是“四江并流”。独龙江发源于西藏察隅县境内，藏语叫“美尔东曲”，流入缅甸后汇入伊洛瓦底江。

独龙江全长 250 千米，流域面积 1947 平方千米，因独龙族世居于此而得名。汉文史籍中关于独龙族的记载最早见于唐朝樊绰的《蛮书》：

憧憬美好生活的哈尼族（刘镜净/摄）

“南诏特于摩零山上筑城，置腹心，理寻传、长傍、摩零、金、弥城等五道事云。凡管金齿、漆齿、绣脚、绣面、雕题、僧耆等十余部落。”其中，“僧耆”指的就是独龙族的先民。目前，独龙江大峡谷约居住着独龙族6900人，独龙江乡也是我国唯一的独龙族自治乡。千百年来，独龙族人住茅草房，过江靠溜索，出山攀“天梯”，狩猎捕鱼，刀耕火种……直到新中国成立后，独龙族才从原始社会末期直接过渡到社会主义社会，完成了社会制度的大跨越。

独龙江大峡谷，一个遥远而神秘的峡谷，位于云南省怒江傈僳族自治州北部的贡山独龙族怒族自治县西部，处在云南西北部与缅甸交界的边境上。这里雪山连绵，峡谷陡峻。它的北面是喜马拉雅山，东西被横断山脉所夹，东岸的高黎贡山屏蔽着通往外界的通道，西岸的担当力卡山是国境线上的天然屏障。独龙江年降水量在2932—4000毫米之间，是亚洲三大“雨极”之一。特殊的地理地貌使得独龙江大峡谷保留着完好的原始生态环境，峡谷中蕴藏有丰富的自然资源，是我国原始生态保存最完整的区域之一。河流上的竹溜索、山间的茅草屋、绚丽多彩的独龙毯、充满野性的剽牛祭、神秘的文面女……这里被誉为“云南最后的秘境”。

独龙江大峡谷是高黎贡山国家级自然保护区和“三江并流”世界自然遗产的核心区，具有丰富的生物、水能和旅游资源。据统计，独龙江流域内森林覆盖率高达93%，动植物物种保存完好，拥有1000多种高等植物、1151种野生动物。作为亚洲大陆最重要的动植物王国和物种基因库，这里被科学家称作“东亚物种多样性中心舞台”“野生植物天然博物院”，同时也是中国原始自然生态、原生动植物带谱保留最完整、特征最明显、跨幅最大的生物河谷。

碧绿清澈的独龙江水（曹津永/摄）

要进入独龙江，必须翻越高黎贡山。1964 年，一条一米多宽的人马驿道建成。1999 年 9 月，简易而曲折的独龙江公路通车，结束了中国最后一个少数民族地区不通公路的历史。但是，每年连绵的雨季和大雪封山的冬季，独龙江仍有近大半年时间与世隔绝。直到 2014 年 4 月，近 7 千米长的独龙江隧道打通，独龙江大峡谷才彻底告别封闭。进入独龙江，就如进入了一个仙境。这是一个还未被现代文明过多染指的世外桃源，沿路可以呼吸最纯净的空气，欣赏最原始的绿，静谧的江水从独龙村寨前流过，雪山被云雾遮住，偶尔露出一角。碧绿清澈的江水、高大隐秘的雪山和山脚炊烟袅袅的村寨构成一幅超越时空的精美画作。

高达 93% 的森林覆盖率，原始完整的亚热带山地森林生态系统，都是独龙江乡的宝贵资源。随着“精准脱贫”和“整乡推进”工程的实施，秘境独龙江正在变成人间乐土。从毁林开荒到巡山护林、从刀耕火种到依林致富、从与世隔绝到开门迎客，近年来，独龙江乡通过打好生态保护、生态产业和生态补偿三套“组合拳”，大力发展“林草、林药、林畜禽”等林下特色经济产业，实施了退耕还林、禁渔期管理、以电代柴等系列措施，闯出了一条“不砍树、不烧山”也能脱贫致富的生态脱贫之路。2018 年，独龙族实现整族脱贫，历史性告别绝对贫困，独龙江乡成为“绿水青山就是金山银山”的生动样本。

独龙族民族文化独特，其传统文化认为天地间万物都是有知觉、有灵魂的，从而产生了各种各样的对自然的敬畏与崇拜。

在独龙族的文化习俗中，曾经有一段女子蝴蝶式文面的历史，即在女子白净的脸上文上一条条的花纹，该花纹宛似一只展翅欲飞的蝴蝶。独龙族女人文面，是独龙族最具标志性的文化特征之一，是独龙族传统文化的体现，具有独特的形式特点和极为珍贵的文化含义。而关于蝴蝶

高黎贡山森林（陈　飞/摄）

独龙族文面女（高玉生/摄）

变形图案的文面习俗的真正原因，学者们众说纷纭，莫衷一是。一说是独龙族对图腾的膜拜是选择蝴蝶作为文面图案的原因。独龙族人对蝴蝶是崇拜而且向往的，希望人死后的亡魂能够变成一只蝴蝶，自由自在地飞翔，不必再忍受生前的饥饿之苦。因此，蝴蝶在独龙族人的心目中占据着重要的位置，他们把蝴蝶当作亲人一样呵护，曾禁止捕杀蝴蝶。对蝴蝶的崇拜，对美丽生灵的追求，是独龙族女性选择将蝴蝶图案文在脸上的原因。二说是弱小的民族总是受到豪强的掠夺，少女们为了不被抢走，就在自己的脸上刺上图案，于是文面就逐渐成为一种罕见而独特的习俗。

在独龙族唯一的节日“卡雀哇”也就是过年，独龙族的妇女们会将独龙毯系在竹竿的尖上，以示节日来临。除了举行一些饮酒欢聚的活动，最隆重的是“剽牛祭天”仪式。传说独龙江地域曾流行过一场瘟疫，人们恐惧万分，便请巫师打卦问卜。结果是因为人类过上了太平的日子而忘记了向各位神灵献祭，天神因此发怒便降下了这场瘟疫。于是人们急忙献粮献酒，并拉出几头牛“剽牛祭天”。人们敲打铓锣，跳起舞蹈，经过几天几夜的狂舞，终于感动了天神，收回了瘟疫。“剽牛祭天”的仪式也就传承了下来。独龙族人通过这个仪式祈求上天保佑，让生活在这块土地上的独龙族吉祥如意，人畜平安，五谷丰登。

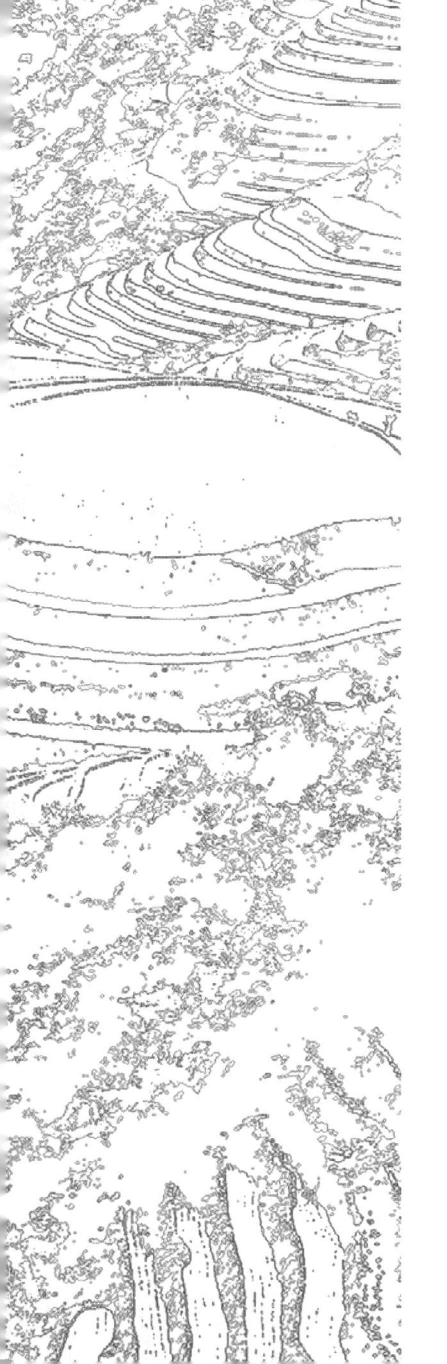

# 天地有大美

Epilogue　The Indescribable Beauty

## ——世界花园彩云南

——Yunnan: Colorful Garden of the World

云南良好的生态环境和自然资源是中国乃至世界的财富。云南坚决贯彻落实党中央在社会主义建设各个时期关于生态环境保护的决策部署，为全局和局部的经济社会发展奠定了良好的生态基础。改革开放以来，云南坚持可持续发展理念，深化省情认识，确立了“生态立省、环境优先”的发展战略，正确处理发展与保护的关系，主动担当国家和区域生态责任。特别是党的十八大以来，云南认真贯彻落实习近平生态文明思想和习近平考察云南重要讲话和指示精神，立足努力成为我国生态文明建设排头兵的发展定位，加快建设中国最美丽省份，将生态文明建设融入经济、政治、社会、文化建设各方面和全过程，努力践行绿色发展理念，全面加强生态环境保护，持续改善城乡人居环境，注重生物多样性保护，不断筑牢西南生态安全屏障，与毗邻的周边国家和地区共建地球生命共同体，世界花园的美誉正成为新时代展示云南对外形象的最美写照，中国云南的“世界性”愈发绽放出令人神往的魅力。天地有大美，大美在云南。

## 一 彩云之南 向往之地

青山依旧在，当惊世界殊。历史上，云南经过各族人民的共同开发与建设，从昔日的瘴烟肆虐之地一跃而成为世所瞩目的世界花园。一部写于明代被誉为“世间真文字”的《徐霞客游记》，涉及云南的“滇游日记”就占了十三篇，云南的美丽与神奇令这位伟大的旅行家深情眷念，云南的形象随之在中国大地广为传颂。从司马迁的《史记》所记载的“彩云南现”起，穿越数千年的悠远时光，到近代西方博物学家将云南的植物传播至世界各地，为远隔重洋的欧洲乃至更广地区的花卉园林增添了

美在云岭大地（董继荣/摄）

姹紫嫣红的色彩与浪漫气息，再到现在，云南正成为地球生命共同体所共享的世界花园。

**她的景观独一无二。**云南许多景观堪称世界自然奇观：虎跳峡以其雄壮奇险著称于世，是世界最深的峡谷之一；昆明石林以其千姿百态、剑锋如林的喀斯特地貌景观而举世闻名；德钦梅里雪山冰峰相连，雪峦绵亘，神雄非凡；玉龙雪山拥有世界上纬度最低的冰川，山上终年积雪，山下四季如春，从山脚河谷地带到峰顶具备了亚热带、温带、寒带的完整的垂直带自然景观；乌蒙磅礴有遗篇，哀牢巍峨梯田间，更有高黎贡山天；素有"东方大峡谷"之称的怒江大峡谷南北纵长 310 千米，平均深度 2000 米，超过美国科罗拉多大峡谷深度，为世界著名的大峡谷；地处印度与欧亚大陆两大板块边缘的腾冲火山地热群类型齐全，规模宏大，分布集中，居全国之首；建水燕子洞为特殊的地下喀斯特地貌景观，是亚洲最大、最壮观的溶洞之一；雄奇壮伟的"三江并流"更是遗世独立，傲然其间。

**她的色彩灿烂光华。**云南的生物景观极为丰富独特，素有"植物王国""动物王国""花卉王国"之美誉，不少动植物类型观赏价值极高，自然生态系统保存较好，云南是全国国家级自然保护区数量最多的省份。西双版纳热带生态系统原始而典型，是镶嵌在"北回归线上的一颗绿宝石"；以"人与自然——迈向 21 世纪"为主题的昆明世博园更是集各国园林精品、奇花异草于一体的科普生态旅游胜地；而位于滇西北的香格里拉生态旅游示范区，充分体现了人与自然和谐相处，秉承中华民族"天人合一"的宇宙观，成为云南一大生态旅游景观；位于怒江两岸的高黎贡山是国家级自然保护区，蕴藏着丰富的动植物资源，景物雄奇壮观。

她的人民活力四射。云南的世居少数民族多达25个，其中白族、哈尼族、傣族、傈僳族、佤族、拉祜族、纳西族、景颇族、布朗族、阿昌族、普米族、怒族、德昂族、独龙族、基诺族等15个民族为云南特有，16个民族跨境而居。各民族在长期的生产生活中，形成了风格各异、类型多样的民族文化，构成了一道道独特而亮丽的人文风景。从历史到现实，生活在这片热土上的26个民族共同沐浴着党的光辉，共同团结奋斗，共同繁荣发展，交往交流交融，和谐相处，和衷共济，共同谱写了民族团结的和美乐章，绘就了和谐西南的大美画卷。特别是改革开放以来，云南加快民族地区经济发展、维护社会稳定、着力增进各民族间

天下第一奇观——石林（王贤全/摄）

民族大团结（孙晓云/摄）

的团结，巩固和发展了平等、团结、互助、和谐的社会主义新型民族关系，各民族你中有我、我中有你，像石榴籽一样紧紧抱在一起，形成密不可分的共同体，民心得以凝聚、活力得以激发，为云南改革开放和现代化建设创造了稳定和谐的社会环境。各族人民守卫着祖国西南边疆，不断铸牢中国民族共同体意识。

**她的风采依然浪漫。**云南山川秀美，资源丰富多彩。一省之内独具寒温热带的立体气候和雄伟壮丽的山川地貌；古今历史文化遗存、遗迹交相辉映；民族文化异彩纷呈，与时俱进。全省各州（市）、县（市、区）几乎都有风景名胜区，各有特色。既有神奇的热带雨林景致，又有雄阔的雪域和草原风光，更不乏绮丽婉约的竹楼、小桥、流水以及呢喃歌声。

无论四季如何寒来暑往，春夏秋冬如何轮转更替，来到云南，就是

鸟语花香（和晓燕/摄）

来到世界花园，来到人与自然和谐共生的地方。春天叩访云南，于世界花园沐风，俊赏风花雪月。阳光、微风、色彩、香花，一年四季如春，花的海洋。夏天寻味云南，避暑世界花园，遍尝山珍美味。春城昆明居于全国避暑城市榜单首位。明代杨升庵以“天气常如二三月，花枝不断四时春”来形容云南四季如春的气候。除了避暑，夏天的云南是品尝菌子的最好时机，松茸、鸡纵、青头菌、干巴菌、牛肝菌等野生菌类风味独特，营养丰富，名扬海外。秋天感悟云南，观赏高原层林尽染的多彩秋色，聊共秋水孤鹜彩霞。云之南，就是彩云之南。云南之云，形状、颜色、景观、灵气，皆动人，有“云青青兮欲雨，水澹澹兮生烟”之景象。高原之秋，色彩斑斓，温润而不失婉转。冬天夜话云南，安放身心，感受世界花园的温暖。“春城”四季如春，夏不热，冬也暖。温泉遍布云南，安宁温泉被誉为“天下第一汤”，泡温泉能放松心情，让人与自然融为一体，“不慕天池鸟，甘做温泉人”是徐霞客感受腾冲温泉的诗句。

**她的魅力万邦共享**。云南与缅甸、老挝、越南三国接壤，边境线总长 4060 千米。云南与南亚东南亚地域相接、山脉相连、江水相通、人民相往的状况，形成极大的区位优势，使云南成为民俗风情和边境旅游的最佳目的地。特殊的区位，更使云南成为中国大陆连接南亚东南亚的桥梁，成为中原文化、东南亚文化、西方文化的交汇点。历史上，云南是古代南方丝绸之路连接南亚东南亚乃至欧洲的重要通道，我国西南与南亚东南亚借此通道互通有无，贸易往来；我国西南地区以及与南亚东南亚各民族借此通道交流和融合，文化、文明交流互鉴。看今朝，云南充分利用优势，积极主动面向南亚东南亚地区，面向印度洋周边经济圈，成为对外开放的新高地。

北回归线穿过的云南，气候温和湿润，植被茂盛繁多，河道纵横，

白马雪山星轨（和晓燕/摄）

湖泊散布各处，质朴勤劳的云南各族人民在这里繁衍生息、和睦相处，并创造了绚丽多姿的民族文化，整个北回归线上的云南仿佛就是一幅人与自然和谐相处的生动画卷，令人沉迷其中，流连忘返。北回归线穿过的云南就是一个美丽花园，就是世外桃源，就是人间的香格里拉。天地有大美——世界花园彩云南。

万绿丛中一点红（王石宝/摄）

## 二 世界花园 和谐共生

习近平同志把云南盛赞为世界花园，既是对云南生态文明建设取得成就的充分肯定，也是对未来云南生态文明建设的新擘画。4700万云南各族人民倍加珍惜。世界花园的美丽与芬芳，是云南各族人民在长期的历史实践活动中结出的硕果，特别是党的十八大以来，在贯彻落实中央对云南的战略定位与重大决策部署中，云南的生态环境总体上持续向好，世界花园山水之美、生物多样性之美、和谐之美、与周边地区的美美与共等方面更加凸显着她毓秀与雄奇交织、人文与自然辉映的大美。

山水之美是世界花园的根基。云南独有的地理地貌，形成了多样的气候与自然景观，云岭大地的山山水水构成了大地的骨架与动脉，是世界花园的根基。花园之美美在壮阔的山川，美在奔腾不息的江河。云南是一个高原山区省份，西部的横断山脉纵谷区高山深谷相间、地势险峻，东部地形波状起伏，低山和缓、丘陵浑圆，发育着各种类型的岩溶地形。整个地势从西北向东南倾斜，海拔高低相差达6000余米。高海拔天然淡水湖泊星罗棋布于崇山峻岭间，仿佛一颗颗璀璨的明珠点缀镶嵌在高原上，瑰丽晶莹。一方水土养一方人，一方山水有一方风情。蓝天白云、山清水秀、鱼翔浅底、鸟语花香的壮美景象在云岭大地上全然展现。

生物多样性之美是世界花园的缤纷内容。云南囊括了地球上除海洋和沙漠外的所有生态系统类型，脊椎动物有2273种，占全国的52.1%，高等植物有19365种，占全国的50.2%，各类群生物物种数均接近或超过全国一半，种类之多、资源之丰富为全国之冠，素有“动物王国”“植物王国”和“生物资源基因库”的美誉。云南独特的生态系统多样性，为种类繁多的野生动物提供了良好栖息环境。

云南是我国植物种类最多的省份，热带、亚热带、温带、寒温带等植物类型都有分布，古老的、衍生的、外来的植物种类很多，在全国3万多种高等植物中，云南占60%以上，列为国家珍稀濒危保护的植物达171种，占44%。此外，云南省还拥有许多在遗传育种上具有很高价值的农林园艺植物的野生种质资源，以及蕨类植物、裸子植物等古老植物。云南还是“药物宝库”，生长着2000多种中草药，云南白药、三七、天麻等享誉中外。全省分布有2100多种观赏植物，其中花卉植物在1500种以上，不少是珍奇种类和特产植物，堪称珍树、奇花、异草的花卉王国。

**和谐之美是世界花园的动力源泉。**辛勤劳动的各族人民是这个世界花园的建造者和守护者。云南各民族创造并延续了悠久的民族生态文化，在实践活动中将云岭大地建设成为世代舒适的居住之地。从古滇国到哀牢国，从南中到南诏大理，从元明清王朝到民国，从“五尺道”到“茶马古道”，从“南方丝绸之路”到“一带一路”，悠久而厚重的历史文化铸造了云南之美的历史文化底蕴。

近现代以来，在辛亥革命、护国战争、护法运动、北伐战争、抗日战争和解放战争中，云南作出了重大历史贡献。新中国成立以来，云南涌现出了一大批各行各业的模范人物、优秀共产党员，树立了时代的光辉榜样。时代楷模杨善洲，带领群众几十年如一日培植了茂密葱郁的林场，他留下了一片绿荫，更留下了大公无私、坚守信念、一生奉献的“善洲精神”；独龙族党员领导干部、好县长高德荣，心系家乡脱贫致富，为全面小康不懈努力；时代楷模朱有勇，情系农民兄弟，被称为“农民院士”；点亮贫困山区女孩梦想的时代楷模、人民教师张桂梅，教书育

草原雕（王石宝/摄）

紫水鸡（和晓燕/摄）

黑颈鹤（和晓燕/摄）

人，立德树人为党和人民的教育事业奉献了自己的一切。这些云南各族人民的优秀代表，展示了云南的“人格之美”。

人类与自然是相互影响、密不可分、和谐共生的。自然是人类生存的基础，而人类则是自然的一部分。人类的衣食住行与自然密切相关，自然每时每刻都在为我们提供丰富的资源，提供给人类优美的风景、壮丽的山河，给予人类无限的美好。当人们合理、有序地开发利用自然资源时，大自然会慷慨无私馈赠人类；当人们大肆掠夺、破坏性地开发利用自然资源时，大自然也会毫不客气地给予人类惩罚与灾难。人类必须维持生态平衡，保护生态功能，才能更好地生存与发展，人类只有尊重自然、保护自然才能与自然更好地和谐共生。世界花园内人与自然的关系不再是对立的割裂关系，而是人与自然的和谐共生，也是人与人之间的和谐发展。

彩云之南（和云舞/摄）

**美美与共是世界花园的未来愿景。**世界花园里不仅缤纷绚烂，人与自然各得其所、和谐共生，还要与周边邻居携手共建、共享花园的美丽与芬芳。通过与越、老、泰、缅等国家展开文化、生态、科技交流，在经济贸易往来、文化交往交流、生态环境保护等领域成效显著，政策沟通、设施联通、贸易畅通、资金融通、民心相通正成为构建人类命运共同体的共识，世界花园越来越展现着“世界性”的魅力与大美。

**世界花园，是人与自然和谐共舞的约定。**人是自然的一部分，人来自自然，最终也要回归自然。诚如历史学家汤因比所说的那样，大地是人类母亲。我们的生存以及子孙后代的生存都有赖于大地母亲，有赖于大地母亲给予我们的山水林田湖草沙冰，有赖于花园里各个不同的友善和睦的居民与邻居共同携手维护她，建设她。世界花园，是生态文明建设理念的再次升华。世界花园的建设，已经超越地域和民族，成为人类命运共同体的一部分。唯有平衡好人与自然的关系，人与人之间的关系，以及人类与其他生命体的关系，道法自然，和而不同，殊途同归，在绿色发展的基础上建设人与自然和谐共生的现代化，才能守住绿水青山蓝天白云，守护包括人类和其他生命体在内的地球生命圈的共有家园——人与自然生命共同体。放眼未来，在生态文明建设理念的引领下，云岭大地各族儿女将继续鼓足干劲，一代接着一代建设美好宜居家园，建设成为向世界展示生态文明建设理念和成效的中国窗口，云岭大地必将展现世界花园彩云南的壮丽画卷，谱写人与自然和谐共生的华美篇章。

# 后　记
# Afterword

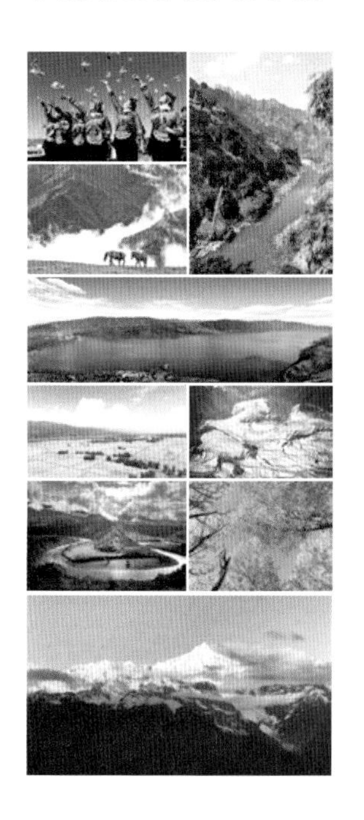

联合国《生物多样性公约》第十五次缔约方大会将于2021年10月11—15日和2022年上半年分两阶段在中国云南省昆明市召开。大会将审议2020年后全球生物多样性框架，确定2021—2030年全球生物多样性新目标，展望2050年全球生物多样性愿景，这将是历史上具有里程碑意义的大会。基于此，我们编撰了《世界花园彩云南》奉献给广大读者，旨在宣传推荐云南“动物王国”“植物王国”“世界花园”的独特魅力，展示其生物多样性保护和生态文明排头兵建设的成果和经验。

本书的编写坚持以习近平生态文明思想为指导，依照习近平同志为云南擘画的生态蓝图，聚焦云南独特的山水之美、丰富多样的生物多样性之美、人与自然的和谐之美、与周边省（区、市）和国家共建地球生命共同体的美美与共等内容，全方位、多角度、全景式集中展示云南牢固树立“绿水青山就是金山银山”和“像保护眼睛一样保护生态环境”的理念，争当生态文明建设排头兵、建设美丽云南的全面情况。

在编写过程中，本书编委会多次召开研讨会，认真听取相关领导、专家的意见建议。本书的编写工作得到了云南省社会科学院党组书记、院长杨正权同志的关心支持，侯胜、黄小军、石高峰具体负责写作提纲的拟定、全书的编写和修正工作。参与本书编写工作的任务分工：李永祥、侯胜负责序章，曹津永、陈文博负责第一章，郭娜负责第二章，王贤全负责第三章，胡晶、赵姝岚、郭娜、王贤全负责第四章，侯胜、王贤全、曹津永、郭娜负责尾声，最后由石高峰、郭娜、王贤全、曹津永等同志共同统稿。

在编写过程中，杨宇明、段昌群、周智生、何俊、郭家骥、刘婷、吴莹、杜雪飞、李金明等专家学者提出了很多好的意见和建议，在此一并表示衷心的感谢。

限于撰稿水平，书中难免存在不足之处，恳请广大读者批评指正。

编者

2021 年 9 月

# Afterword

The 15th Conference of the Parties to the United Nations "Convention on Biological Diversity" (COP15) will be held in Kunming, Yunnan Province, the People's Republic of China in two phases on September 11-15, 2021 and the first half of 2022 respectively. The conference will review the post-2020 global biodiversity framework, determine the new global biodiversity goal for the period of 2021-2030, and look forward to the global biodiversity vision in 2050. COP15 will be a milestone in the history. Therefore, Yunnan Academy of Social Sciences (YASS) have compiled the book—"Yunnan: Colorful Garden of the World", which aiming to promote and present the unique charm of Yunnan as the " Kingdom of Fauna", "Kingdom of Flora" and "World Garden", as well as summarize the achievements and experiences of Yunnan in biodiversity protection and construction of vanguard in ecological civilization.

The book is guided by Xi Jinping's thoughts on ecological civilization and follows the ecological blueprint he drew up for Yunnan province. Through clear and complete descriptions of the unique beauty of Yunnan's landscape, the beauty of rich and diverse biodiversity, the beauty of harmony between man and nature, and the beauty of inclusive and diverse efforts in building a shared future for all life on earth between Yunnan and neighboring provinces/cities and countries, etc.. the book gives a comprehensive, multi-angle, and panoramic centralized display of how Yunnan achieved the concepts of "lucid water and lush are valuable assets" and "protecting the ecological environment like protecting the eyes". The book also shows authors new achievements of how

Yunnan People striving for constructing the vanguard of ecological civilization, as well as the full picture of a beautiful Yunnan.

During the editing of this book, many valuable comments and suggestions collected via several seminars which offered a solid basis for and profound insight into the theme. The editorial board would like to express sincere thanks to Dr. Yang Zhengquan, the president of YASS, for his continuous support and encourage. Mr. Hou Sheng, vice president of YASS, Prof. Huang Xiaojun, vice president of YASS and Prof. Shi Gaofeng are in overall charge of the outline, compilation, and revision of the book. The writers are Li Yongxiang and Hou Sheng (Preface), Cao Jinyong and Chen Wenbo (Chapter 1), Guo Na (Chapter 2), Wang Xianquan (Chapter 3), Hu Jing, Zhao Shulan, Guo Na and Wang Xianquan (Chapter 4) ), Hou Sheng, Wang Xianquan, Cao Jinyong and Guo Na (ending). As a team, Shi Gaofeng, Guo Na, Wang Xianquan and Cao Jinyong and other colleagues coordinated the draft finalization.

The editorial board express sincere gratitude to Prof.Yang Yuming, Prof. Duan Changqun, Prof.Zhou Zhisheng, Prof.He Jun, Prof.Guo Jiaji, Prof.Liu Ting, Prof.Wu Ying, Prof.Du Xuefei, Prof.Li Jinming and other scholars for their insightful opinions and suggestions.

All advices and suggestions about the book are welcome!

Editor

September, 2021